I0043258

Habiba Djenidi

Présevation et valorisation du pistachier de l'Atlas

Habiba Djenidi

Présevation et valorisation du pistachier de l'Atlas

Éditions universitaires européennes

Impressum / Mentions légales

Bibliografische Information der Deutschen Nationalbibliothek: Die Deutsche Nationalbibliothek verzeichnet diese Publikation in der Deutschen Nationalbibliografie; detaillierte bibliografische Daten sind im Internet über http://dnb.d-nb.de abrufbar.

Alle in diesem Buch genannten Marken und Produktnamen unterliegen warenzeichen-, marken- oder patentrechtlichem Schutz bzw. sind Warenzeichen oder eingetragene Warenzeichen der jeweiligen Inhaber. Die Wiedergabe von Marken, Produktnamen, Gebrauchsnamen, Handelsnamen, Warenbezeichnungen u.s.w. in diesem Werk berechtigt auch ohne besondere Kennzeichnung nicht zu der Annahme, dass solche Namen im Sinne der Warenzeichen- und Markenschutzgesetzgebung als frei zu betrachten wären und daher von jedermann benutzt werden dürften.

Information bibliographique publiée par la Deutsche Nationalbibliothek: La Deutsche Nationalbibliothek inscrit cette publication à la Deutsche Nationalbibliografie; des données bibliographiques détaillées sont disponibles sur internet à l'adresse http://dnb.d-nb.de.

Toutes marques et noms de produits mentionnés dans ce livre demeurent sous la protection des marques, des marques déposées et des brevets, et sont des marques ou des marques déposées de leurs détenteurs respectifs. L'utilisation des marques, noms de produits, noms communs, noms commerciaux, descriptions de produits, etc, même sans qu'ils soient mentionnés de façon particulière dans ce livre ne signifie en aucune façon que ces noms peuvent être utilisés sans restriction à l'égard de la législation pour la protection des marques et des marques déposées et pourraient donc être utilisés par quiconque.

Coverbild / Photo de couverture: www.ingimage.com

Verlag / Editeur:
Éditions universitaires européennes
ist ein Imprint der / est une marque déposée de
OmniScriptum GmbH & Co. KG
Bahnhofstraße 28, 66111 Saarbrücken, Deutschland / Allemagne
Email: info@omniscriptum.com

Herstellung: siehe letzte Seite /
Impression: voir la dernière page
ISBN: 978-3-8416-6985-8

Remerciements

En premier lieu, je tiens à remercier mon directeur de recherche, le professeur BENICHIKOU Mohamed El Moncef de m'avoir guidé, encouragé, conseillé tout au long de ce mémoire. Ton expertise incomparable a été pour moi un modèle et un exemple à suivre. Merci ...

Je remercie monsieur le professeur BELHAMRA Mohamed de l'université de Biskra d'avoir accepté d'assurer la présidence du jury de mon mémoire.

Je tiens à exprimer ma très grande considération à Mr. ZALLAGUI Amar de l'université d'Oum El Baouaghi, d'avoir accepté de faire partie du jury de mon mémoire.

Je remercie Mr. YAHIA Abdelwahab du centre universitaire de Mila, d'avoir accepté de faire partie de mon jury de mémoire.

Je remercie également Mr. LIAIDI Ziane et Mr. CHALA Adel pour avoir soutenu cette étude.

Un grand merci à Mm BACHA Saliha et Mm BENGUERAICHI Fatiha pour vos conseils pour l'ensemble des échanges, discussions scientifiques et points de vue que l'on a abordés.

Une pensée pour Mr. OUAHAB Samir, Mr. BETTEYEB Amine, Mm MOKRANI Djamila, Mm SALAH Sara et Mm DENDOUGA Wassila, merci pour votre aide.

Un grand merci à tous mes amis. Je suis fier de vous avoir à mes cotés...

J'ai certainement un mot particulier pour les membres de ma famille. Mes parents, mes frères et mes sœurs. Vous m'avez sans cesse soutenu et encouragé durant cette étude.

Sommaire

Liste des abréviations

ABA : Acide abscissique (abscisic acid).

ADN : Acide désoxyribonucléique.

$AlCl_3$: Trichlorure d'Aluminium.

ANOVA : Analyse de variance (analyse of variance).

ARN : Acide ribonucléique.

ATCC: American type culture collection.

CFU : Colony forming unit.

CMI: Concentration minimale inhibitrice.

DMSO : Diméthyle sulfoxyde.

EAcOEt : L'extrait d'acétate d'éthyle.

EAG : Equivalent d'acide gallique.

EBr : L'extrait brut.

EQ : Equivalent de quercétine.

ER : Equivalent de rutine.

GA : Acide gibbérellique.

Moy : Moyenne.

N^{bre} : Nombre

Rép : Répétition.

Scari : Scarification.

SD : Standards de déviation.

Strati : Stratification.

TMG : Temps moyen de germination.

V : Volume.

Liste des figures

Liste des tableaux

Introduction

Introduction

Depuis les temps les plus reculés, l'homme a utilisé les plantes pour se nourrir et se soigner. De l'aspirine à la quinine extraites de l'écorce de saule et de quinquinas, 60 à 70 % des produits pharmaceutiques proviennent plus ou moins directement de substances naturelles végétales **(Kodjoed-Bonneton et Sauvain, 1989)**.

Les propriétés thérapeutiques des plantes étaient connues empiriquement depuis l'antiquité et ce n'est que vers le début du 20ème siècle que les scientifiques s'intéressent aux principes actifs de leur action.

De part sa diversité édapho-bioclimatique, notre pays se caractérise par une végétation naturelle très diversifiée (plantes médicinales et aromatiques) et pratiquement inexploitée.

La conservation, la valorisation et le développement de cette flore et plus particulièrement les espèces en voie de disparition et localisées dans les étages semi-arides et arides, devrait être une priorité des autorités administratives et scientifiques de notre pays.

Parmi cette végétation autochtone, le pistachier de l'Atlas (*Pistacia atlantica* Desf.), espèce ligneuse arborescente présente dans la région de Biskra.

La multiplication de cette plante dans la région aura une grande incidence socio-économique en raison de son intérêt agro-sylvo-pastoral. Il faut ajouter à cela, les possibilités d'extraction de certains composés naturels présentant un intérêt pharmacologique.

La mise au point d'un système de culture des plantes médicinales aura l'avantage de fournir des produits standardisés en matière de qualité, ce qui est très important pour l'industrie pharmaceutique et celle des produits de santé naturels, mais également pour les horticulteurs **(Mathe et Franz, 1999; Schilcher, 1989).**

L'objectif de notre étude est de mettre au point une méthode de culture simple de cette plante, afin d'accélérer ou d'augmenter quantitativement la germination de ses semences (pouvoir germinatif), ainsi que de l'extraction des polyphénols contenus dans les feuilles et de l'évaluation de l'activité antimicrobienne de ces extraits.

Partie 1
Etude
bibliographique

1. Le pistachier de l'Atlas et la germination des graines :

1.1. Le pistachier de l'Atlas :

1.1.1. Description morphologique:

Le genre *Pistacia* de la famille des *Anacardiacées*, comprend de nombreuses espèces très répandues dans la région Méditerranéenne et Moyen-Orientale (**Tutin et al., 1968**). Le pistachier de l'Atlas (*Pistacia atlantica* Desf.), communément appelé *El Betoum, Botma* en langue arabe ; est une espèce ligneuse et spontanée pouvant atteindre 10 m de haut. L'arbre possède un tronc individualisé et à frondaison hémisphérique (**Quézel et Santa, 1963**). Ses feuilles composées sont constituées de sept à neuf folioles, les fleurs sont en grappes lâches, les fruits, gros comme un pois, sont des drupes (**Ozenda, 1983**).

1.1.1.1. Les feuilles :

Elles sont composées, stipulées, à rachis finement ailé et à folioles lancéolées obtuses au sommet (**Fennane et *al.*, 2007**). Les feuilles sont caduques et chutent en automne, elles sont de couleur vert pâle et sont imparipennées, glabres et sessiles (**Yaaqobi et *al.*, 2009**).

1.1.1.2. L'inflorescence :

Le pistachier de l'Atlas a une inflorescence en grappe rameuse. La floraison qui apparaît juste avant la feuillaison débute la mi-mars (**Yaaqobi et *al.*, 2009**).

1.1.1.3. Les fleurs :

Les fleurs mâles et femelles sont portées par des pieds différents. Mais quelques pieds monoïques ont été observés dont les fleurs mâles et femelles sont portées par des rameaux différents. Aucun hermaphrodisme n'a été observé. Les fleurs sont petites en panicules axillaires et sont apétales. Ce sont des fleurs régulières avec une tendance à la zygomorphie (**Yaaqobi et *al.*, 2009**).

1.1.1.3.1. La fleur mâle :

Le calice possède quatre sépales. A l'aisselle du calice, il se trouve une bractée glabrescente, allongée, de grande taille par rapport aux fleurs et de couleur jaune pâle. A l'aisselle de chaque bractée, 5 étamines se développent, de couleur rouge pourpre, et avec des filets courts et soudés à la base. Après la libération des grains de pollen au mois de mars, les fleurs mâles s'épanouissent et les étamines prennent une structure pétaloïde (**Yaaqobi et** *al.*, **2009**).

1.1.1.3.2. La fleur femelle :

Le calice a neuf sépales enchevêtrés entre eux et soudés à la base. Les sépales sont de taille variable selon les provenances. A l'aisselle du calice, il se trouve une bractée semblable à celle de la fleur mâle. Le gynécée présente trois carpelles concrescents avec une seule loge ovarienne fertile et un seul ovule pendant. Le style porte trois stigmates rugueux facilitant la fixation des grains de pollen (**Yaaqobi et** *al.*, **2009**).

1.1.1.4. Le fruit :

Le fruit est une drupe, dont le nom vernaculaire est "Khodiri ". Il est consommé par les habitants (**Belhadj et** *al.*, **2008**). La fructification débute vers la fin du mois de mars et les fruits atteignent leur maturité au mois de septembre (**Yaaqobi et** *al.*, **2009**).

1.1.2. Systématique :

La classification botanique du pistachier de l'Atlas est synthétisée dans le Tableau 1.

Tableau 1 : Classification botanique de *Pistacia atlantica* Desf. **(Yaaqobi et *al.*, 2009).**

Règne	*Plantae*
Embranchement	*Tracheobionta*
Super-division	*Spermatophyta*
Division	*Magnoliophyta*
Classe	*Magnoliopsida*
Sous-classe	*Rosidae*
Ordre	*Sapindales*
Famille	*Anacardiaceae*
Genre	*Pistacia*
Espèce	*Pistacia atlantica*

1.1.3. Ecologie et aire de répartition :

D'après Zohary (1952,1987) et Quézel et Médail (2003), cette espèce est commune de deux régions ; méditerranéenne et irano-touranienne. Cependant, Manjauze (1980) et Ozenda (1983) la qualifie d'endémique de l'Afrique du nord **(Belhadj et *al.*, 2008).** Elle est tolérante pour plusieurs types du sol incluant les alcalines. Elle se contente d'une faible pluviométrie de l'ordre de 150 mm et parfois moins **(Benhssaini et Belkhodja, 2004).**

Pistacia atlantica Desf. se régénère et se développe dans les endroits les plus arides où peu d'espèces d'arbres peuvent s'établir et persister. Sa croissance est très lente. En Algérie, on le trouve en association avec *Ziziphus lotus* qui protège les jeunes pousses contre les animaux et les vents violents **(Belhadj et *al.*, 2008).**

Il occupe une aire très vaste englobant le Maroc, l'Algérie, la Tunisie, la Libye, la Syrie, la Jordanie, Palestine, l'Iran et l'Afghanistan **(Kaska et *al.*, 1996 ; Khaldi et Khouja, 1996 ; Sheibani, 1996)**.

1.1.4. Etude chimique du genre *Pistacia* :

Les études phytochimiques indiquent que les espèces de *Pistacia* sont riches en monoterpènes **(Monaco et *al.*, 1982)**, triterpénoides tétracyclique **(Ansari et *al.*, 1993)** et d'autres **(Caputo et *al.*, 1975; Caputo et *al.*, 1978)** ; en flavonoïdes **(Kawashty et *al.*, 2000)** en d'autres composés phénoliques y compris l'acide gallique **(Shi et Zuo, 1992; Zhao et *al.*, 2005)** et en huiles essentielles **(Küsmenoglu et *al.*, 1995)**.

1.1.5. Utilisations :

Très utile comme antiseptique, antifongique et dans les maladies abdominales **(Baba Aissa, 2000)** ; les fruits donnent une excellente huile comestible **(Daneshard et Aynehchi, 1980)** pour la préparation de cosmétiques adoucissants **(Chief, 1982)** ; le pistachier de l'Atlas Algérien contient un taux important (73 %) d'acides gras insaturés **(Yousfi et *al.*, 2005)**.

Le suintement du tronc d'arbre donnant l'encre rouge est utilisé dans la tannerie des peaux **(Daneshrad et Aynehchi, 1980)**.

La résine qui suinte de l'arbre est largement utilisée en industrie agro-alimentaire pour préparer les masticatoires et en médecine dentaire **(Chief, 1982)**.

1.2. La germination des graines :

1.2.1. La germination :

La germination d'une graine est définie comme étant la somme des événements qui commencent avec l'imbibition et se termine par l'émergence d'une partie de l'embryon, généralement la radicule, à travers les tissus qui l'entourent **(Bewley, 1997)**.

1.2.2. Facteurs affectant la germination et la vigueur des graines :

La germination et la vigueur des graines sont influencées par une gamme de facteurs environnementaux tels que l'humidité, la température, la lumière, les échanges gazeux et la disponibilité des nutriments et ainsi que l'âge et la taille des graines (**Bradford, 1995**).

1.2.2.1. La température :

La température est un facteur critique dans la germination de la graine. A température optimale la germination est maximale et rapide (**Alvarado et Bradford, 2002**). Le métabolisme de la graine dépend de la température, elle affecte l'activité de l'ATPase, la respiration et la synthèse des protéines (**Posmyk et al., 2001**).

1.2.2.2. La lumière :

La germination, la survie des jeunes plantes et leur développement ultérieur dépendent de la lumière. La quantité de lumière reçue par une graine dépend de sa position dans le sol, des caractéristiques de l'enveloppe de la graine et de toutes les autres structures en autour d'elle (**Pons, 2000**). Les graines sur la surface de sol se comportent différemment des graines enterrées à différentes profondeurs dans le sol (**Atwell et al., 1999**).

1.2.2.3. L'humidité :

Un état minimum d'hydratation est nécessaire pour la germination des graines. L'humidité est importante pour le maintien de la vie des cellules, pour l'activation des enzymes, la translocation et le stockage des réserves (**Copeland et Mcdonald, 1995**). Dans la graine, l'élongation des cellules est l'étape la plus sensible au stress d'eau (**Hegarty et Ross, 1980**).

1.2.2.4. L'acide abscissique :

L'acide abscissique (ABA) est l'inhibiteur primaire de la germination dans beaucoup de graines (**Pinfield et Gwarazimba, 1992**). La dormance embryonnaire est en droite relation avec la production de l'ABA (**Hilhorst et Karsseen, 1992**). La synthèse d'ABA est accélérée en réponse aux facteurs de stress tel notamment hydrique (**Yoshioka et al., 1995**). Le manque d'oxygène augmente la quantité d'ABA endogène et diminue la quantité d'acide gibbérellique (GA_3) et de cytokinine des graines de maïs (**Prasad et al., 1983**).

1.2.2.5. L'âge des graines :

La vigueur de la graine diminue pendant le stockage (**Lovato et Balboni, 2002**). Le vieillissement des graines retarde l'apparition de la radicule, la croissance des jeunes plantes et augmente le développement de jeunes plantes anormales (**Veselova et al., 2003**). La vigueur de la graine peut diminuer ou disparaître par le vieillissement (**Zeng et al., 1998**). Les températures élevées pendant le stockage peut entraîner le développement des maladies cryptogamiques qui vont détériorer les graines (**Turnbull et Doran, 1987**).

1.2.2.6. La taille des graines :

La croissance et le rendement de plantes sont affectés par la taille de la graine. Les graines de grande taille donnent la meilleure capacité et vitesse de germination (**Moles et Westoby, 2006**). Les espèces qui ont des graines petites germent généralement dans une gamme étroite de température (**Bell et al., 1995**).

1.3. La dormance des graines :

1.3.1. La dormance primaire:

La dormance primaire désigne l'état physiologique dans lequel se trouve une semence qui bien que placée dans des conditions favorables ne germe pas. Cette non germination est due à la semence elle même **(Bonner et al., 1994; Bouwmester et Karssen, 1992; Foley et Fennimore, 1998; Martinez-Gomez et Dicenta, 2001).**

La dormance primaire est classifiée selon la nature d'inhibition de la germination aux types suivants :

1.3.1.1. La dormance exogène :

La dormance exogène est due à l'inhibition de la germination par un facteur présent en dehors de l'embryon **(Gbehounou et al., 2000).**

1.3.1.1.1. La dormance physique :

La dormance physique est due à l'imperméabilité de l'enveloppe de la graine à l'eau **(Baskin, 2003; Baskin et al., 2004).** Cette imperméabilité est habituellement associée à la présence d'une ou de plusieurs couches de cellules imperméables situées dans l'épiderme **(Baskin et al., 2000 ; Bell, 1999).**

Sous les conditions ambiantes, la dormance physique est éliminée par la fluctuation des températures **(Baskin, 2003)**, le passage des graines dans l'appareil digestif d'un animal **(Adkins et al., 2002 ; Baskin et Baskin, 1998)**, la scarification mécanique **(Baskin et al., 2004)** et le traitement par l'eau chaude **(Turner et al., 2005).**

1.3.1.1.2. La dormance chimique :

Chimiquement les graines dormantes ne germent pas en raison de la présence d'inhibiteurs dans le péricarpe ou le tissu de la graine **(Baskin et Baskin, 2004).** **Baskin et Baskin (1998)** ont prolongé cette définition aux composés transférés à la graine qui empêchent la germination. L'ABA et la coumarine sont les inhibiteurs les plus connus **(Adkins et al., 2002)**. Cette dormance peut être levée par l'élimination du péricarpe **(Baskin et Baskin, 1998).**

1.3.1.1.3. La dormance mécanique :

La dormance mécanique est une autre forme de dormance exogène. Les graines ne peuvent pas germer parce que le développement de l'embryon est comprimé à l'intérieur d'une structure dure hermétique (noyau). La dormance mécanique diffère de la dormance physique par le fait que la pénétration d'eau et d'oxygène ne sont pas nécessairement empêchées **(Schmidt, 2000)**.

1.3.1.2. La dormance endogène :

Il y a deux formes principales de dormance endogène; dormance morphologique et dormance physiologique.

1.3.1.2.1. La dormance morphologique :

Les graines dormantes morphologiquement ont des embryons sous-développés **(Geneve, 2003)**. La dormance morphologique est principalement observée chez les espèces des régions tempérées **(Baskin et Baskin, 1998)**. Elle peut être levée par stratification chaude ou froide ou par traitement des graines par le nitrate de potassium ou par l'acide gibbérellique **(Geneve, 2003)**.

1.3.1.2.2. La dormance physiologique :

La dormance physiologique est due à des changements biochimiques intervenant à l'intérieur de l'embryon empêchant la germination **(Baskin et Baskin, 1998; Geneve, 2003)**. Les composés phénoliques et l'ABA sont les principaux inhibiteurs de la germination. Chez la plupart des espèces, les graines restent perméables à l'eau **(Bewley et Black, 1982)**.

1.3.1.2.3. La dormance morphophysiologique :

La dormance morphophysiologique, représente un état dans lequel la dormance morphologique est associée à la dormance physiologique **(Baskin et Baskin, 1998;**

Baskin et Baskin, 2004), elle a été signalé chez certain nombre d'espèce comme *Hibbertia hypericoides* (*Dilleniaceae*) **(Schatral, 1996)**.

Dans ce type de dormance, la stratification ou le traitement avec GA$_3$ sont efficaces en favorisant la croissance de l'embryon **(Hidayati et al., 2000)**.

1.3.2. La dormance secondaire :

Il arrive quelque fois dans la graine dont la dormance primaire est préalablement levée, de ne pouvoir pas germer. La non germination est due à des conditions défavorables tels que l'eau, la température, l'oxygène, la lumière ; c'est la dormance secondaire **(Bewley et Black, 1994; Hilhorst, 1998)**.

1.4. La levée de la dormance :

Dans les conditions naturelles l'exposition au froid peut lever la dormance des graines. Artificiellement, elle peut être levée par des traitements physiques (stratification et scarification) ou hormonales (régulateurs de croissance).

1.4.1. La stratification :

La stratification est une technique employée principalement pour lever la dormance primaire morphologique, physiologique et morphophysiologique **(Geneve, 2003)**. Chez quelques espèces, telles que *Glaucium flavum* **(Thanos et al., 1989)** et *Pinus brutia* **(Skordilis et Thanos, 1995)** la stratification est efficace pour lever la dormance secondaire.

Le processus de la stratification consiste à incuber les graines en conditions humides et à température basse (0-10°C). La température optimale est de 4°C pour beaucoup d'espèces **(Baskin et Baskin, 1998)**. L'efficacité de la stratification est variable selon l'espèce **(Andersson et Milberg, 1998 ; Vincent et Roberts, 1977)**.

La stratification joue un rôle dans la transformation de réserves nutritives à la forme soluble **(Bell, 1999)**, la promotion de la synthèse de GA **(Moore et al., 1994)**, l'augmentation de la perméabilité du tégument et la maturité de l'embryon **(Hennion et Walton, 1997)** et la promotion de l'émergence de la radicule par l'affaiblissement des structures environnantes **(Downie et *al.*, 1997)**.

1.4.2. La scarification :

On appelle "scarification" tout procédé qui consiste à casser, érafler, altérer mécaniquement ou amincir les téguments afin de faciliter les échanges entre l'embryon (siège de la germination) et l'environnement **(Hartmann et *al.*, 1997)**. Les différents tissus entourant l'embryon peuvent, en effet, avoir un effet inhibiteur sur la germination des graines à différents niveaux: en interférant avec l'absorption d'eau et les échanges gazeux; en exerçant une contrainte mécanique à la croissance physique de l'embryon; en empêchant la disparition des inhibiteurs embryonnaires **(Ren et Kermode, 1999)**. Trois types de traitements sont généralement employés pour scarifier les graines: la scarification mécanique, incluant souvent l'utilisation de papiers sablés, chimique à l'aide de l'acide sulfurique et thermique à l'eau bouillante **(Hartmann et *al.*, 1997)**.

1.4.3. Le rôle des gibbérellines :

Les hormones jouent un rôle important dans la germination des graines **(Davies, 1990)**. Les acides gibbérelliques (GA) sont les hormones de croissance généralement utilisées pour lever la dormance dans beaucoup des graines **(Ma et *al.*, 2003)**. Il existe un nombre phénoménal de GA. Elles sont désignées par les abréviations GA_1... GA_{125}. Les GA sont définis bien plus par leur structure que par leurs activités biologiques. Ce sont toutes des diterpènes cycliques. Celles qui présentent une activité biologique sont assez peu nombreuses Il s'agirait principalement de GA_1, GA_3, GA_4, GA_7, ainsi que de quelques autres **(Srivastava, 2002)**.

La germination est régulée, du point de vue hormonal, par deux substances antagonistes à action opposée **(Bewley, 1997 ; Foley, 2001 ; Srivastava, 2002)** : l'ABA (inhibiteur) empêchant la germination et les gibbérellines (stimulateur) qui participent de façon importante à l'avènement de la germination. L'augmentation des gibbérellines pourrait soit favoriser la germination en ramollissant les structures qui pouvaient faire barrière à la croissance de la radicule, soit faire disparaître la dormance de l'embryon liée à l'ABA en augmentant la capacité de la radicule à croître, ou encore les deux à la fois **(Foley, 2001 ; Tieu et al., 1999 ; White et Rivin, 2000).**

2. Les composés phénoliques et leur activité antimicrobienne:

2.1. Les composés phénoliques :

Les plantes possèdent des métabolites dits « secondaires » par opposition aux métabolites primaires qui sont les protéines, les glucides et les lipides. Les métabolites secondaires sont classés en plusieurs grands groupes : parmi ceux-ci, les composés phénoliques, les terpènes et stéroïdes et les composés azotés dont les alcaloïdes. Chacune de ces classes renferme une très grande diversité de composés qui possèdent une très large gamme d'activité biologique **(Ali et al., 2001 ; Li et al., 2007).**

Les composés phénoliques forment un très vaste ensemble de substances; ils ont en commun un cycle aromatique portant au moins un groupement hydroxyle **(Chopra et al., 1986).** Selon le nombre d'unités phénoliques présents, on les classe en composés phénoliques simples et polyphénols. Par abus, on les appelle indifféremment composés phénoliques ou polyphénols et comprennent essentiellement les phénols simples, les acides phénoliques, les stilbènes, les flavonoïdes, les tanins, les coumarines, les lignanes, les lignines et les xanthones. **(Stalikas, 2007).** Les polyphénols sont présents dans tous les organes de la plante. Ils résultent de deux voies synthétiques principales: la voie shikimate et acétate **(Lugasi et al., 2003).**

2.2. Classification:

2.2.1. Les phénols simples :

Ce sont des composés renfermant une ou plusieurs unités phénoliques sans d'autre fonction particulière impliquant le(s) noyau(x) benzénique(s) comme le 3-hydroxytyrosol, le tyrosol, le 4-vinylphénol **(Bruneton, 1999)**.

2.2.2. Les acides phénoliques :

Les acides phénoliques sont les dérivés hydroxylés de l'acide benzoïque et de l'acide cinnamique, ils sont présents dans un certain nombre de plantes agricoles et médicinales **(Psotová et *al.*, 2003)**. Nous pouvons citer par exemple : l'acide caféique, l'acide protocatechique, l'acide vanillique, l'acide ferulique, l'acide sinapique et l'acide gallique **(Hale, 2003)**.

2.2.3. Les stilbènes :

Ce sont des composés ayant comme structure de base le 1,2-diphenylethylène (C_6-C_2-C_6) dont quelques représentants sont: le pinosylvine et l'hydrangénol. **(Bruneton, 1999)**.

2.2.4. Les xanthones :

Ils constituent une famille de composés phénoliques généralement isolés dans les plantes supérieures et dans les microorganismes, répondant à une structure de base C_6-C_1-C_6 **(Sakagami et *al.*, 2005)**.

2.2.5. Les coumarines :

Les coumarines tirent leur nom de « coumarou », nom vernaculaire de fève tonka (*Dipterix ordorata* Wild.) d'où elles furent isolées en 1982 **(Bruneton, 1999)**. Ce sont des hétérocycles oxygénés ayant comme structure de base le benzo -2-pyrone **(Ford et *al.*, 2001)**.

2.2.6. Les lignanes et les lignines :

Les monolignols (dérivés de l'acide cinnamique) servent de précurseurs pour les composés de type phénylpropanoïde tels que les lignanes et les lignines (**Bruneton, 1999**).

Les lignanes répondent à une représentation structurale de type $(C_6C_3)_2$; l'unité C_6C_3 est considérée comme un propylbenzène. Les plantes les élaborent par dimérisation oxydante de deux unités d'alcool coniférique. Quand cette dimérisation implique une liaison oxydante par les C_8 des chaînes latérales de deux unités d'alcool coniférique liées, formant la liaison $C_8 - C_8$', les métabolites résultants portent le nom de lignane. Le terme neolignane est employé pour définir tous les autres types de liaisons (**Bruneton, 1999**).

Les lignines constituent une classe importante de produits naturels dans le règne végétal et seraient formés par polymérisation oxydative de trois monolignols qui sont les alcools p-coumarique, coniferique et sinapique (**Sakagami et al., 2005**).

2.2.7. Les flavonoïdes :

Les flavonoïdes sont des pigments ubiquistes des végétaux. Ils existent le plus souvent sous forme d'hétérosides : les flavonosides. Ils sont très largement répandus dans le règne végétal (les fruits, les légumes, les graines ou encore les racines des plantes). Les flavonoïdes ont une origine biosynthétique commune et par conséquent, possèdent tous un même squelette de base à quinze atomes de carbone, constitué de deux unités aromatiques, deux cycles en C_6 (A et B), reliés par une chaîne en C_3 (**Bruneton, 1999 ; Reynaud et Lussignol, 2005**).

Il existe six classes des flavonoïdes, qui diffèrent par leur structure chimique : flavanols, flavones, flavonols, flavanones, isoflavones et anthocyanidines (**Medić - Šarić et al., 2004**).

2.2.8. Les tanins :

Le terme tanin dérive de la capacité de tannage de la peau animale en la transformant en cuir par le dit composé **(Bravo, 1998)**. On distingue chez les végétaux supérieurs deux groupes: les tanins hydrolysables et les tanins condensés **(Ghestem et al., 2001)**.

Les tanins hydrolysables (esters de glucose) comprennent l'acide gallique pour le groupe des gallotanins et l'acide ellagique pour le groupe des ellagitanins. Ces tanins subissent facilement une hydrolyse acide et basique; ils s'hydrolysent aussi sous l'action enzymatique **(Ghestem et al., 2001)**.

Les tanins condensés sont des polyphénols de masse moléculaire élevée. Ils résultent de la polymérisation oxydative ou enzymatique des unités de flavan -3-ol et/ou de flavan-3,4-diol **(Bruneton, 1999)**.

2.3. L'activité antimicrobienne des polyphénols :

Nous nous intéresserons plus particulièrement à l'effet antimicrobien des polyphénols qui est très complexe. Il peut impliquer plusieurs modes d'actions tels que : l'inhibition des enzymes microbiennes, la séquestration de substrat nécessaire à la croissance microbienne ou la chélation des métaux tels que le fer, la dégradation de la paroi cellulaire, la perturbation de la membrane cytoplasmique (qui cause une fuite des composants cellulaires), l'influence de la synthèse de l'ADN, de l'ARN, des protéines, des lipides et la fonction mitochondriale **(Zhang et al., 2009)**.

Ces mécanismes ne sont pas des cibles séparées, certains peuvent être comme conséquence d'un autre mécanisme. Le mode d'action des agents antimicrobiens dépend également du type de micro-organismes et à l'arrangement de la membrane externe **(Shan et al., 2007)**.

Une activité antifongique et antibactérienne significative a été rapportée pour certaines coumarines qui agissent en paralysant la croissance de *Saccharomyces cerevisiae* **(Cottiglia et al., 2001 ; Khan et al., 2005)** et de *Salmonella typhimurium* **(Stefanova et al., 2007).**

Des recherches sont poursuivies en vue du trouver un traitement anti-VIH à partir de l'espèce *Marila pluricostata* **(Redoyal et al., 2005).**

Les flavonoïdes montre aussi une activité antimicrobienne ; ils ont un effet contre deux bactéries à Gram positif (*Bacillus subtilis* et *Staphylococcus albus*) et deux bactéries à Gram négatif (*Escherichia coli* et *Proteus vulgaris*) **(Harikrishna et al., 2004).**

De nombreuses études ont montré l'effet antimicrobien des tanins sur différents bactéries, virus et champignons **(Backous et al., 1997).**

2.4. Les souches microbiennes :

2.4.1. *Staphylococcus aureus* :

C'est une bactérie à Gram positif qui tend à se grouper en amas et elle peut provoquer divers infections communautaires et nosocomiales **(Chambers, 1997).**

2.4.2. *Escherichia coli* :

C'est un bacille à Gram négatif, commensale du tube digestif, est la bactérie la plus fréquente impliquée dans les infections urinaires. Elle peut aussi provoquer des diarrhées par des mécanismes très divers, ainsi que diverses infections communautaires et nosocomiales **(Nataro et Kaper, 1998).**

2.4.3. *Klebseilla pneumoneae* :

Bacille à Gram négatif, immobile. Elle est responsable d'infections respiratoires (pneumonies, abcès pulmonaires, pleurésies), intestinales et urinaires **(Philippon, 1995).**

2.4.4. *Pseudomonas aeruginosa* :

Bacille à Gram négatif, mobile et aérobie strict, se cultive facilement sur les milieux usuels **(Nauciel, 2000)**, se comporte comme une bactérie opportuniste. Elle est souvent à l'origine des infections nosocomiales et elle est résistante à de nombreux antibiotiques **(Philippon, 1995)**.

2.4.5. *Candida albicans* :

C'est une levure non pigmentée, non capsulée, à bourgeonnement multiple, saprophyte endogène de la lumière intestinale humaine et des cavités génitales de la femme. Elle est principalement à l'origine des candidoses disséminées **(Moulinier, 2003)**.

Partie 2
Etude expérimentale

Matériel et méthodes

1. Matériel et méthodes :

1.1. Matériel végétal :

Afin de réaliser les essais de germination, on a utilisé des semences issues des fruits collectés en septembre 2010 sur des arbres adultes **(Figure 1 et 2)** dans la région de Biskra et pour l'extraction des polyphénols on a utilisé des feuilles prélevées en avril 2010 **(Figure 3)**.

Figure 1: Le pistachier de l'Atlas

Figure 2: Les fruits du pistachier de l'Atlas   **Figure 3:** Les feuilles du pistachier de l'Atlas

1.2. Essais de germination des graines :

Les graines extraites des fruits, après un séjour de 24 h dans l'eau, puis sont placées dans de l'eau pendant 12 h. On ne récupère que les graines ayant été décantées, supposées viables **(Downie et Bergsten, 1991 ; Audinet, 1993)**. Après séchage à l'air libre, les graines sont utilisées pour les essais de germination.

Dans le but d'étudier l'effet de la scarification des graines, la stratification à 4°C et le traitement par la gibbérelline sur leur germination, 400 graines sont traitées par un fongicide (procymédone à 50 %), puis divisées en 4 lots de semences. Chaque lot de 100 graines (répétées trois fois) a subi les traitements suivants :

Témoin : Graines sans traitement.

Scari: Graines scarifiées par l'acide sulfurique concentré pendant 15 minutes.

GA₃ : Graines placées dans une solution de GA3 à 1000 ppm pendant 24 heures.

Strati : Graines stratifiées à +4°C pendant 45 jours.

Les graines traitées des différents lots sont mises à germer dans des sachets en plastique contenant de la tourbe, et placées dans l'étuve à température constante de 25°C, avec une aération manuelle et quotidienne des sachets.

Le comptage consiste à dénombrer le nombre des graines germées pour chaque lot. Nous avons ainsi déterminé :

Le taux de germination : c'est le nombre des graines germées par rapport au nombre de graines mises en germination ; une graine est considérée germée lorsqu'elle émet une radicule et une gemmule.

Le temps moyen de germination (TMG): c'est le temps au bout duquel on atteint 50% des graines germées **(Côme, 1970)**.

$$\text{TMG} = (N_1T_1 + N_2T_2 + N_3T_3 \ldots + N_nT_n) \ / \ (N_1 + N_2 + N_3 \ldots + N_n)$$

Avec : N_n : nombre de semences germées entre le temps T_{n-1} et le temps T_n

T_n : le nombre de jour après l'ensemencement.

1.3. Extraction des composés phénoliques :

Les feuilles furent nettoyées, séchées à l'abri de la lumière, et puis finement broyées et récupérées dans des sachets.

L'extraction des composés phénoliques est réalisée selon la méthode décrite par **Djeridane et *al*. (2006)**. Elle est réalisée comme suit : **(Figure 4)**.

1.3.1. Obtention de l'extrait brut:

5g de la poudre ainsi obtenue est macérée dans 100 ml d'un mélange hydro-alcoolique (méthanol/eau ou éthanol/eau) (80/20 : V/V) pendant 24 heures à température ambiante. Après une première filtration de l'extrait par un papier filtre, le résidu obtenu est repris une deuxième fois avec un volume de 50 ml du même mélange hydro-alcoolique pendant 24 heures à température ambiante. Le méthanol et l'éthanol sont éliminés du filtrat par évaporation rotative à 40°C par un rotavapeur. On obtient une solution de l'extrait hydro-alcoolique brut (EBr$_1$ et EBr$_2$) qui est séché et conservé à 6°C.

1.3.2. Elimination des lipophyles:

La phase aqueuse est lavée plusieurs fois avec de l'éther de pétrole (un demi volume de la phase aqueuse) jusqu'à l'épuisement des pigments. On obtient la fraction d'éther de pétrole (EEp$_1$ et EEp$_2$).

1.3.3. Obtention des composés phénoliques :

La phase aqueuse est ensuite extraite par l'acétate d'éthyle, après adjonction des solution aqueuse de 20% de sulfate d'ammonium et 2% d'acide phosphorique qui facilite le passage des composés phénoliques dans la phase organique. Les phases organiques sont ensuite regroupées et séchées en ajoutant une quantité suffisante de sulfate de sodium anhydre et évaporées sous pression réduite à 40°C. Les extraits (EAcOEt₁ et EAcOEt₂) sont séchés et conservés à une température de 6°C jusqu' à l'utilisation.

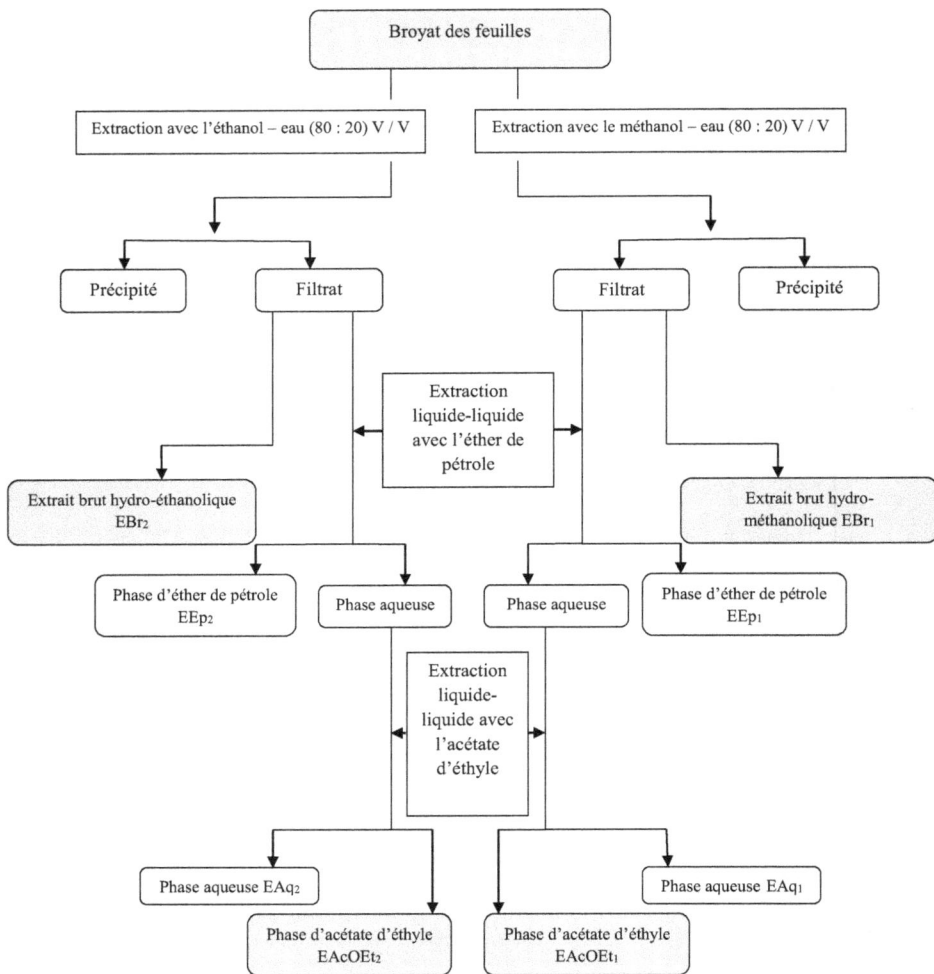

Figure 4: Les étapes de l'extraction **(Djeridane et *al.*, 2006)**

Chaque série d'extraction permet d'obtenir quatre fractions ; l'extrait brut hydro alcoolique (EBr$_1$ et EBr$_2$), la fraction d'éther de pétrole (EEp$_1$ et EEp$_2$) la fraction d'acétate d'éthyle (EAcOEt$_1$ et EAcOEt$_2$) et la fraction aqueuse (EAq$_1$ et EAq$_2$) résiduelle.

1.4. Dosage des phénols totaux :

Le dosage des polyphénols totaux a été effectué par une méthode adaptée par Singleton et Ross (en 1965) avec le réactif de Folin-Ciocalteu **(Marian et Fereidoon, 2004).**

Une courbe d'étalonnage standard a été obtenue à partir de solutions d'acide gallique de différentes concentrations. 100 µl de chaque solution ont été introduits à l'aide d'une micropipette dans des tubes à essai, suivis de l'addition de 500µl du réactif de Folin -Ciocalteu (10 fois dilué dans l'eau distillée). Après incubation pendant 30 secondes, 1.5 ml de carbonate de sodium à 20% a été ajouté, puis les solutions ont été secouées immédiatement et maintenues à l'obscurité pendant 2 heures à température ambiante. L'absorbance de chaque solution a été déterminée à 755 nm contre un blanc (même solution précédente à l'exception de l'acide gallique) sur un spectrophotomètre. Les lectures de la densité optique à 755 nm des solutions ainsi préparées ont permis de tracer la courbe d'étalonnage de l'acide gallique. L'analyse quantitative des phénols totaux des extraits phénoliques a été réalisée par la même procédure.

La concentration des polyphénols totaux est calculée à partir de l'équation de régression de la gamme d'étalonnage, établie avec le standard étalon (l'acide gallique) (256 - 42.66 µg/ml) et exprimée en microgramme d'équivalent d'acide gallique par milligramme d'extrait (µg EAG/mg).

1.5. Dosage des flavonoïdes :

1.5.1. Test préliminaire :

La présence ou l'absence des flavonoïdes dans un extrait peut être mis en évidence par un test simple et rapide au magnésium. Ce test consiste à mettre 2 ml de chaque extrait dans un tube, additionné de quelques fragments de magnésium et quelques gouttes d'HCl concentré (2N) **(Karumi et al., 2004)**.

La présence des flavonoïdes dans les extraits est indiquée par le virement de la couleur vers l'orange ou le rouge brique **(Ciulei, 1982)**.

1.5.2. Dosage colorimétrique :

La quantification des flavonoïdes a été effectuée par la méthode de trichlorure d'aluminium citée par **(Djeridane et al., 2006)**.

1 ml de chaque extrait et du standard (dissous dans le méthanol) avec les dilutions convenables a été ajouté à un volume égal d'une solution d'$AlCl_3$ (2% dans le méthanol). Le mélange a été vigoureusement agité et l'absorbance à 430 nm a été lue après 10 minutes d'incubation.

La quantification des flavonoïdes à été évaluée à partir d'une courbe d'étalonnage linéaire (y = a x + b) réalisée par un standard étalon "la quercétine" à différentes concentrations (25-12.5 µg/ml) dans les mêmes conditions que l'échantillon. Les résultats sont exprimés en microgramme d'équivalent de quercétine par milligramme d'extrait (µg EQ/mg).

1.6. Activité antimicrobienne:

Deux méthodes différentes sont employées pour l'évaluation de l'effet antimicrobien des extraits : la méthode de diffusion sur milieu gélosé (méthode de disques) qui permet la mise en évidence de l'activité antimicrobienne et la méthode de microdilution en milieu solide qui permet la détermination de la concentration minimale inhibitrice (CMI).

1.6.1. Souches microbiennes :

On a testé sept souches bactériennes et une souche fongique (levure) :

Staphylococcus aureus ATCC 29213, *Escherichia coli* ATCC 25922, *Pseudomonas aeruginosa* ATCC 27853 et la levure *: Candida albicans,* ramenées du laboratoire de microbiologie de l'hôpital HAKIM Saadan de Biskra ; *Klebseilla pneumoneae, Staphylococcus aureus*, *Escherichia coli* et *Pseudomonas aeruginosa* isolées cliniquement sur des malades et identifiées au niveau du laboratoire de bactériologie et de parasitologie du C.H.U de Sétif.

1.6.2. Milieux de culture :

Nous avons utilisé les milieux de culture suivants :

- Gélose Nutritive pour la conservation des souches bactériennes.
- Bouillon Nutritif pour l'enrichissement de l'inoculum.
- Gélose de Mueller Hinton pour l'étude de la sensibilité des souches bactériennes aux différents extraits.
- Gélose de Sabouraud pour la conservation et l'étude de la sensibilité de la levure aux extraits.

1.6.3. Conservation des souches :

Les souches ont été conservées dans la gélose nutritive pour les bactéries et dans la gélose de Sabouraud pour la levure.

1.6.4. Préparation des solutions des extraits :

Les extraits ont été repris avec le diméthyle sulfoxyde (DMSO) pour obtenir une concentration de 0.5g/ ml.

1.6.5. Préparation des précultures:

Pour la fixation de l'inoculum de départ, on a employé une méthode photométrique (**Atwal, 2003**).

Chaque souche a été ensemencée en stries sur la gélose pour obtenir des colonies isolées. Après incubation de 24 heures à 37 °C, on a choisi une colonie bien isolée avec une anse de platine et la transférer dans un tube stérile contient 10 ml de milieu de culture fraîchement préparée et stérilisée. Après 18 heures d'incubation, quelques gouttes de cette culture à été dilué dans de l'eau distillé stérile pour en avoir une densité de 0,1. On admet que cette densité mesurée à 625 nm est équivalente à 1×10^8 cfu/ml, la suspension d'inoculum a été ensuite diluée 10 fois dans de l'eau distillée stérile pour obtenir une concentration finale de 1×10^7 cfu/ml.

1.6.6. Méthode de diffusion en milieu gélosé :

5 ml de la suspension servant d'inoculum ont été ensemencés par inondation sur la surface entière de la boite de Pétri contenant de la gélose solidifiée (Gélose Mueller Hinton pour les bactéries et milieu Sabouraud pour la levure), en tournant la boite légèrement afin d'avoir une distribution égale de la suspension microbienne et on élimine le surplus à la fin.

Des disques stériles imprégnés d'extraits à raison de 10 µl par disque (**Ngameni et al., 2009**), ont été déposés stérilement à l'aide d'une pince sur la surface de la gélose.

On a utilisé des disques imbibés seulement par le DMSO comme témoin négatif et des disques d'antibiotique (gentamicine ou mycostatine) comme témoin positif. Les boites ont été incubées 24 h à 37 °C en atmosphère normale pour le développement des germes en question.

L'activité antibactérienne a été déterminée en mesurant à l'aide d'une règle le diamètre de la zone d'inhibition, déterminé par les différents extraits autour des disques.

1.6.7. Méthode de microdilution en milieu solide :

Cette méthode permet la détermination de la concentration minimale inhibitrice (CMI) à partir d'une gamme de concentration d'extrait dans le milieu de culture, D'après la méthode décrite par **(Benjilali et *al.*, 1986)** Cité dans **(Billerbeck et *al.*, 2002)** une solution mère de chaque extrait (0.1 g/ml) est obtenue en DMSO, puis une série de dilutions à raison géométrique 2 est réalisée en DMSO à partir de la solution mère (la gamme de concentrations obtenues correspond à 0.1, 0.05 , 0.025, 0.0125, 0.00625, 0.003125, 0.001562, 0.000781 g/ml), 2 ml de chaque extrait est alors incorporés à 38 ml de milieu (Mueller Hinton pour les bactéries et Sabouraud pour la levure) maintenu en surfusion, les mélanges sont immédiatement reparties dans deux boites de Pétri à raison de 20 ml de milieu par boite. Après solidification, l'inoculation des géloses contenant de l'extrait on non (témoin) est effectuée en surface, sous forme de dépôts réalisés à l'aide d'une pipette Pasteur.

La CMI est la plus petite concentration de l'extrait pour laquelle aucune croissance microbienne n'est visible comparativement au témoin sans extrait.

La CMI a été déterminée seulement pour les extraits qui ont le rapport :

Diamètre de la zone d'inhibition de l'extrait / diamètre de la zone d'inhibition de l'antibiotique supérieur à 0.6 **(Rabe et Van Staden, 1997).**

1.7. Traitement statistique :

Pour déterminer l'effet des différents traitements appliqués sur la germination des graines nous avons procédé à des analyses de variance (ANOVA) à un seul facteur avec $\alpha = 0.05$ (seuil de signification).

Le traitement statistique des résultats de l'activité antimicrobienne a été réalisé par Microsoft Office Excel 2007. Toutes les expériences ont été réalisées en triple, Les résultats sont exprimés en moyenne ± SD (standards de déviation).

Résultats et discussion

2. Résultats et discussion:

2.1. Taux de germination des graines:

L'examen de la Figure 5 montre que le taux de germination des graines du pistachier de l'Atlas est variable selon les différents traitements.

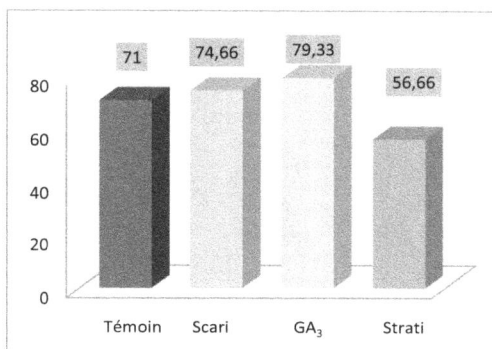

Figure 5: Taux de germination des graines du pistachier de l'Atlas en fonction des traitements.

Le taux le plus élevé a été enregistré dans le lot des graines traitées à l'acide gibbérellique (GA_3) : l'augmentation par rapport au témoin est de +11% et le plus bas a été observé au niveau des graines stratifiées (Strati) : la diminution par rapport au témoin est près de -20%. Le lot des graines scarifiées (Scari) s'est caractérisé par une augmentation de 5 % par rapport au témoin.

Les différences observées ne sont pas significatives du point de vue statistique.

2.2. Temps moyen de la germination (TMG):

La Figure 6 illustre le temps moyen de la germination (TMG) des graines du pistachier de l'Atlas en fonction des différents traitements.

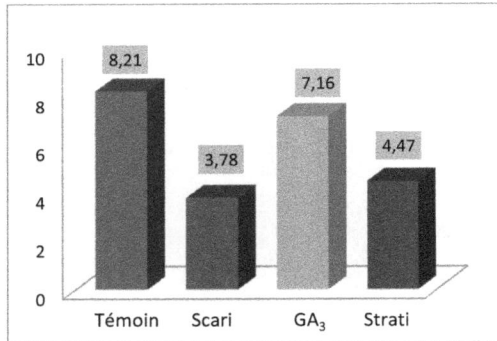

Figure 6: Temps moyen (en jours) de germination des graines du pistachier l'Atlas en fonction des traitements.

Il ressort des résultats enregistrés que le traitement préalable (chimique ou physique) des graines a eu un effet remarquable sur le temps de germination.

Il est spectaculaire avec la scarification et la stratification (Scari et Strati) où le temps de germination est réduit de moitie par rapport à celui du Témoin. La diminution du temps de germination induite par la gibbérelline est néanmoins plus réduite par rapport au Témoin (-12 %).

Une représentation des graines germées (Figure 10) et d'une jeune plantule en voie de développement (Figure 11) sont mentionnées en Annexes.

La dormance des graines est peut-être due aux structures qui entourent l'embryon, à l'embryon lui-même **(Bewley et Black, 1994)** et aux composés phénoliques produits dans les fruits et les graines qui sont aussi des inhibiteurs de la germination **(Baskin et Baskin, 1998 ; Isfendiyaroglu M. et Ozeker E., 2001).**

Le GA$_3$ est utilisé pour lever la dormance embryonnaire, les graines qui ont été traitées se sont caractérisées par le taux de germination le plus élevé mais dans un temps moyen relativement plus long. Nos résultats sont en accord avec ceux obtenus par **Ayfer et Serr (1961) et Crane et Forde (1974).**

La scarification a réussit d'augmenter le taux de la germination dans un temps moindre. Les mêmes résultats ont été obtenus par **Abu–Qaoud (2007).**

La stratification a affecté négativement le taux de la germination, ce résultat est en contradiction avec celui de **Yaaqobi et *al*. (2009). Wang (1987)** a signalé que la durée de stratification et le génotype des graines sont deux facteurs qui influencent la germination.

Il est à signaler que la régénération naturelle de la plante dans cette zone est absente (pâturage non contrôlé et dormance).

2.3. Aspect, couleur et rendement des extraits:

Chaque extrait obtenu est caractérisé par son aspect, sa couleur et son rendement qui a été déterminé par rapport au poids sec des feuilles, ces éléments sont présentés dans le Tableau 2.

Tableau 2: Aspect, couleur et rendement des extraits.

Extrait	Aspect	Couleur	Rendement g/ 100 g de feuilles
EBr$_1$	Poudre	Marron	35.88
EAcOEt$_1$	Pâte collante	Marron foncé	26.78
EBr$_2$	Poudre	Verte	37.32
EAcOEt$_2$	Pâte collante	Verte foncé	33.42

D'après nos résultats, le rendement le plus élevé a été obtenu avec l'EBr$_2$, soit 37.32% tandis que le plus faible est celui de l'EAcOEt$_1$, soit 26.78%. Toutefois, il est difficile de comparer les résultats du rendement avec ceux de la bibliographie, car le rendement n'est que relatif et dépend de la méthode et les conditions dans lesquelles l'extraction a été effectuée.

2.4. Teneur en phénols totaux :

La teneur en composés phénoliques de chaque extrait a été calculée à partir de la droite d'étalonnage d'acide gallique **(Figure 7)** exprimée en microgramme d'équivalent d'acide gallique par milligramme d'extrait. Les résultats obtenus sont présentés dans le Tableau 3.

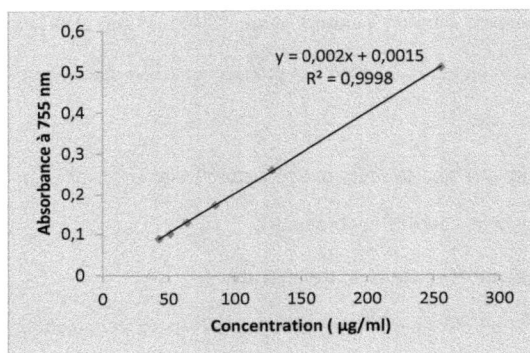

Figure 7 : Droite d'étalonnage de l'acide gallique

Tableau 3: Teneur en phénols totaux des extraits de *Pistacia atlantica* Desf. (Moyenne de 3 répétitions)

Extrait	Teneur en phénols totaux (µg EAG/mg d'extrait)
EBr$_1$	85 ± 0.25
EAcOEt$_1$	119.41 ± 0.14
EBr$_2$	110.33 ± 0.38
EAcOEt$_2$	91.66 ± 0.14

On remarque que la quantité des composés phénoliques dans les quatre extraits des feuilles est importante (85 ± 0.25 à 119.41 ± 0.14 µg EAG/mg d'extrait).

Comparativement à d'autres travaux effectués sur la même plante, on peut dire que notre teneur en composés phénoliques est proche de celle de **Yousfi et al. (2009)** qui a obtenu 117.3 µg EAG/mg d'extrait mais très faible par rapport à celle de **Benamar et al.(2010)** qui était de 407.68 µg EAG/mg d'extrait.

2.5. Teneur en flavonoïdes :

2.5.1. Test préliminaire :

Les résultats du test préliminaire des flavonoïdes sont indiqués dans le Tableau4.

Tableau 4: Résultats du test préliminaire des flavonoïdes.

Extrait	Couleur
EBr_1	Rouge brique
$EAcOEt_1$	Rouge brique
EBr_2	Vert foncé
$EAcOEt_2$	Vert foncé

Le test préliminaire a indiqué la présence des flavonoïdes dans l'EBr_2 et l'$EAcOEt_2$.

L'absence de la couleur rouge dans l'EBr_2 et l'$EAcOEt_2$ est due probablement à l'intensité de la couleur verte de la chlorophylle.

2.5.2. Dosage colorimétrique :

Le dosage des flavonoïdes a été réalisé selon la méthode d'AlCl$_3$ en utilisant comme standard la quercétine **(Figure 8)**, la teneur en flavonoïdes des extraits est exprimée en µg EQ/mg d'extrait. Les résultats sont présentés dans le Tableau 5.

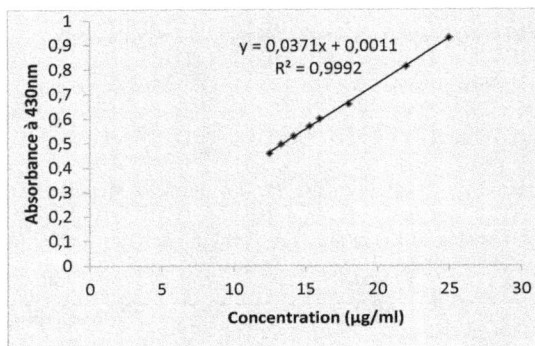

Figure 8 : Droite d'étalonnage de la quercétine.

Tableau 5: Teneur en flavonoïdes des extraits de *Pistacia atlantica* Desf. (Moyenne de 3 répétitions)

Extrait	Teneur en flavonoïdes (µg EQ/mg d'extrait)
EBr$_1$	12.91 ± 0.02
EAcOEt$_1$	11.59 ± 0.03
EBr$_2$	16.59 ± 0.03
EAcOEt$_2$	17.04 ± 0.01

Le dosage quantitative des flavonoïdes totaux par la méthode au trichlorure d'aluminium montre que l'EAcOEt$_2$ (17.04 ± 0.01 µg EQ/mg d'extrait) et EBr$_2$ (16.59 ± 0.03 µg EQ/mg d'extrait) sont les plus riches en flavonoïdes, par la suite vient l'EBr$_1$ (12.91 ± 0.02 µg EQ/mg d'extrait) et l'EAcOEt$_1$ (11.59 ±0.03 µg EQ/mg d'extrait).

Si on compare les résultats du dosage avec ceux de la bibliographie, on constate que la teneur en flavonoïdes de l'EAcOEt$_2$ est inférieure à celle trouvée par **Maamri** (**2008**) soit 42,05 ± 0.02 μg ER/ mg d'extrait.

Toutefois, il est difficile de comparer ces résultats avec ceux de la bibliographie car l'utilisation de différentes méthodes d'extraction réduit la fiabilité de la comparaison.

Plusieurs facteurs peuvent influer sur la teneur en composés phénoliques, des études récentes ont montré que les facteurs extrinsèques (tels que des facteurs géographiques et climatiques), les facteurs génétiques, mais également le degré de maturation de la plante et la durée de stockage ont une forte influence sur le contenu en polyphénols (**Aganga et Mosase, 2001**).

2.6. Activité antimicrobienne :

2.6.1. Méthode de diffusion en milieu gélosé :

Les zones d'inhibitions des différentes souches avec les différents extraits sont présentées dans le Tableau 6.

Les résultats montrent que toutes les souches bactériennes étudiées sont sensibles à la gentamicine (diamètre de la zone d'inhibition > 16mm) à part *Klebseilla pneumoneae* qui présente une sensibilité intermédiaire (diamètre de la zone d'inhibition = 13mm). La levure *Candida albicans* est aussi sensible à la mycostatine.

Tous les extraits présentent une activité bactérienne importante qui s'étend sur la totalité des souches.

L'extrait l'EBr$_1$, EAcOEt$_1$ affecte la bactérie *Klebseilla pneumoneae* par une zone d'inhibition supérieure à celle de la gentamicine.

L'extrait EAcOEt₁, EBr₂ et EAcOEt₂ n'ont donné aucune activité inhibitrice sur la souche clinique *Candida albicans*. Ceci pourrait être expliqué par l'absence de substances à activité antifongique (**Bruneton, 1999**).

Tableau 6: Diamètre de la zone d'inhibition des différents extraits.

(Moyenne de 3 mesures)

	Diamètre de la zone d'inhibition (mm)					
	Les extraits de la plante				Gentamicine / Mycostatine[*]	DMSO
	EBr₁	EAcOEt₁	EBr₂	EAcOEt₂		
Staphylococcus aureus	17 ± 1.00	20.3 ± 0.57	20 ± 0.00	20.66± 0.57	33	0
Staphylococcus aureus ATCC 29213	12.33±0.57	17.33±0.57	20±0.00	22.66±0.57	36	0
Escherichia coli	19.66± 0.57	17.66± 0.57	14.66± 0.57	17.33± 0.57	29	0
Escherichia coli ATCC 25922	20.66 ± 1.15	17.33 ± 0.57	18.66±0.57	19.66±0.57	30	0
Pseudomonas aeruginosa	23 ± 1.00	24 ± 1.00	21 ± 1.00	21 ± 1.00	37	0
Pseudomonas aeruginosa ATCC 27853	21 ± 0.00	20 ± 0.00	19 ± 0.00	20.33 ± 0.57	38	0
Klebseilla pneumoneae	14.33± 0.57	14.33± 0.57	10.6 ± 0.57	11 ± 0.00	13	0
Candida albicans	35.66±1.15	0	0	0	32	0

* : La mycostatine est utilisée pour la souche *Candida albicans*.

L'activité antimicrobienne des extraits est due à plusieurs agents présents comme les flavonoïdes, les terpènes, les phénols et les alcaloïdes **(Egwaikhide et *al.*, 2010)**.

D'autres études ont montré que les composés phénoliques agissaient en perturbant les mécanismes enzymatiques impliqués dans la production d'énergie pour les bactéries et les levures **(Sikkema et *al.*, 1995)**.

Les flavonoïdes pourraient exercer des effets antibactériens puisqu'ils sont de puissants inhibiteurs *in vitro* de l'ADN gyrase **(Ohemeng et *al.*, 1993)**.

Nous avons comparé nos résultats avec ceux de **Benhammou et *al.* (2008)**, qui ont étudié le pouvoir antimicrobien de l'extrait éthanolique du pistachier de l'Atlas sur plusieurs souches notamment *Staphylococcus aureus, Klebseilla pneumoneae, Pseudomonas aeruginosa, Escherichia coli* et *Candida albicans* ; ils ont obtenu les résultats suivants : 16.5 mm, 0 mm, 10.5 mm, 9.5 mm, 23.5 mm respectivement. Nos résultats sont beaucoup plus élevés par rapport à ces derniers, cela est du probablement au fait que leurs souches sont plus résistantes qu'aux notres, ainsi qu'à l'origine géographique différente de la plante.

Les Figures 9, 10 et 11 présentent des photos montrant l'effet de différents extraits de *Pistacia atlantica* Desf. sur les souches microbiennes testées.

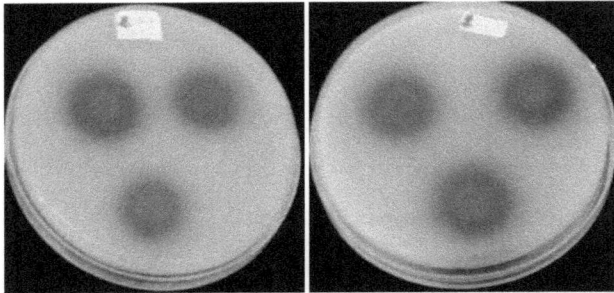

Pseudomonas aeruginosa   Escherichia coli

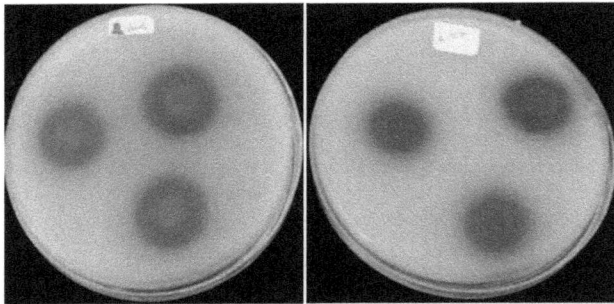

Staphylococcus aureus   Klebseilla pneumoneae

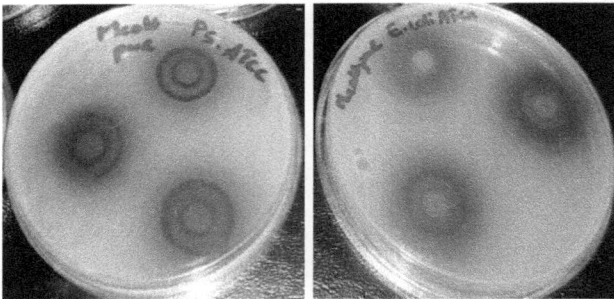

Pseudomonas aeruginosa ATCC 27853   Escherichia coli ATCC 25922

Figure 9: Effet de l'extrait EAcOEt₁ sur la croissance des bactéries

50

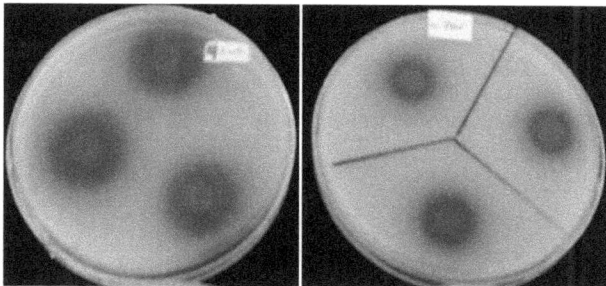

Escherichia coli   *Pseudomonas aeruginosa*

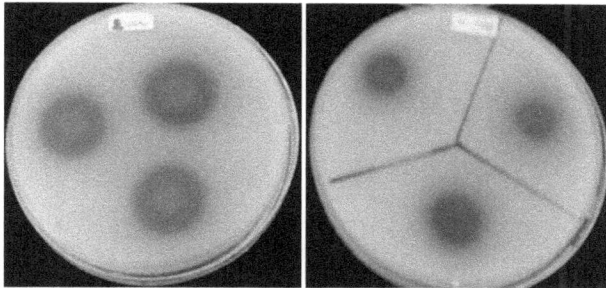

Staphylococcus aureus   *Klebseilla pneumoneae*

Figure 10: Effet de l'extrait EAcOEt$_2$ sur la croissance des bactéries

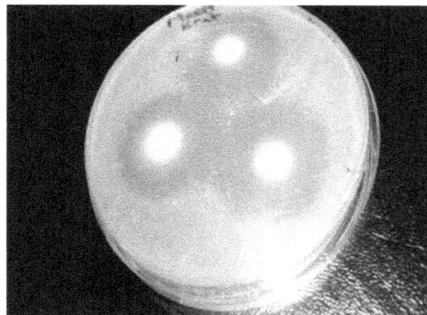

Figure 11: Effet de l'extrait l'EBr$_1$ sur la croissance de *Candida albicans.*

2.6.2. Méthode de microdilution en milieu solide :

Les concentrations minimales inhibitrices de nos extraits les plus actifs sont rapportées dans le Tableau 7.

Tableau 7: Concentration minimale inhibitrice des différents extraits (CMI) exprimée en g/ml

Extraits / Souches	EBr$_1$	EAcOEt$_1$	EBr$_2$	EAcOEt$_2$
Staphylococcus aureus	/	0.05	0.05	0.05
Staphylococcus aureus ATCC 29213	/	/	/	0.05
Escherichia coli	0.05	0.05	/	0.05
Escherichia coli ATCC 25922	0.05	/	0.1	0.05
Pseudomonas aeruginosa	0.00156	/	/	/
Pseudomonas aeruginosa ATCC 27853	/	/	/	0.05
Klebseilla pneumoneae	0.05	0.05	0.05	0.05
Candida albicans	0.05	/	/	/

On remarque que la concentration minimale inhibitrice de nos extraits est variable selon les souches microbiennes testées : 0.1, 0.05 et 0.00156 g/ml.

Conclusion et perspectives

Conclusion et perspectives

Ce travail avait pour but l'étude d'une plante relique en voie de disparition : le pistachier de l'Atlas (*Pistacia atlantica* Desf.) au niveau d'une région du sud Algérien (Biskra).

Les essais de germination de graines, l'extraction et le dosage des polyphénols totaux et flavonoïdes des feuilles, ainsi que l'évaluation de l'activité antimicrobienne de ces extraits ont été suivi au cours de ce travail.

Le pouvoir germinatif des graines a été sensiblement amélioré par les traitements (la gibbérelline et la scarification) à l'exception des graines stratifiées. La germination la plus rapide a été enregistrée chez les graines scarifiées.

Les teneurs obtenues en composés phénoliques dans les extraits de feuilles du pistachier de l'Atlas sont appréciables.

L'évaluation de l'activité antimicrobienne de nos différents extraits a montré une forte activité antimicrobienne vis-à-vis des souches fongiques et bactériennes testées avec une concentration minimale inhibitrice variable selon les souches.

Nos résultats sur la germination restent préliminaires, il serait donc intéressant de poursuivre les investigations sur cette plante, à savoir appliquer d'autres traitements seuls ou en association afin d'améliorer le pouvoir germinatif des graines.

Il est aussi à envisager les possibilités de la multiplication végétative in vitro de cette espèce.

Les résultats obtenus de l'activité antimicrobienne peuvent être considérés comme suffisants pour des nouvelles études visant à isoler et à identifier les principes actifs responsables de cet effet inhibiteur.

Références bibliographiques

Références bibliographiques

Abu-Qaoud H., (2007). Effect of scarification, gibberellic acid and stratification on seed germination of Three *Pistacia* Species. *An - Najah Univ. J. Res.(N. Sc.)*, 21:1-11

Adkins S.W., Bellairs S.M. and Loch D.S., (2002). Seed dormancy mechanisms in warm season grass species. *Euphytica*, 126: 13-20

Aganga A. A. and Mosase K.W., (2001).Tannins content, nutritive value and dry matter digestibility of *Lonchocarous capussa*, *Ziziphus mucropata*, *Sclerocarya birrea*, *Kirkia acuminata* and *Rhus lancea* seeds. *Animal Feed Science and Technology*, 91:107-113.

Ali N.A.A., Julish W.D., Kusunick C. and Lindesquist U. (2001). Screening of Yamani medicinal plant for antibacterial and cytotoxic activities. *Journal of Enthnopharmacology*, 74:173-179.

Alvarado V. and Bradford K.J., (2002). A hydrothermal time model explains the cardinal temperatures for seed germination. *Plant Cell and Environment*, 25: 1061-1069.

Andersson L. and Milberg P. (1998). Variation in seed dormancy among mother plants, populations and years of seed collection. *Seed Science Research*, 8: 29-38

Ansari S.H., Ali M. and Quadry J.S., (1993). Tree new tetracyclic triterpenoids from *Pistacia integerrima* galls. *Pharmazie*, 49: 356-357.

Atwal R., (2003). In vitro antimicrobial activity assessment of *Zymox Otic* solution against a broad range of microbial organisms. *Intern J Appl Res Vet Med*, 1(3): 240-251.

Atwell B., Kriedemann P. and Turnbull T., (1999). Plants in action, adaptation in nature performance in cultivation. Macmillan Publisher, South Yarra, Australia, 650p.

Audinet M., (1993). Prétraitement des semences. *Le Flamboyant*, 28: 21-22.

Ayfer M. and Serr. E.F., (1961). Effects of gibberellin and other factors and seed germination and early growth in Pistacia species. *J. Amer. Soc. Hort. Sci.*, 77 : 308-315.

Baba Aissa F., (2000). Encyclopédie des plantes utiles: Flore d'Algérie et du Maghreb. *EDAS*. Rouïba, 217 p.

Backous N., Delporte C. and Andrad C., (1997). Phytochemical and biological study of *Radal lomatia hirsuta* (Proteaceae). *Journal of Enthnopharmacology*, 57: 81-83.

Baskin C.C., (2003). Breaking physical dormancy in seeds- focussing on the lens. *New Phytologist*, 158: 227-238.

Baskin C.C. and Baskin J.M., (1998). Seeds: ecology, biogeography, and evolution of dormancy and germination. *Academic Press*, San Diego. 666 p.

Baskin J.M. and Baskin C.C., (2004). A classification system for seed dormancy. *Seed Science Research*, 14: 1-16.

Baskin J.M., Baskin C.C. and Li X., (2000). Taxonomy, anatomy and evolution of physical dormancy in seeds. *Plant Species Biology*, 15 : 139-152.

Baskin J.M., Davis B.H., Baskin C.C., Gleason S.M. and Cordell S., (2004). Physical dormancy in seeds of *Dodonaea viscosa* (Sapindales, Sapindaceae) from Hawaii. *Seed Science Research*, 14: 8 1-90.

Belhadj S., Derridj A., Auda Y., Gers C. and Gauquelin T., (2008). Analyse de la variabilité morphologique chez huit populations spontanées de *Pistacia atlantica* en Algérie. *Botany*, 86 : 520-532

Bell D.T., (1999). Turner review N°.1. The process of germination in Australian species. *Australian Journal of Botany*, 47: 475-517

Bell D.T., Rokich D.P., Amcchesney C.J. and Plummer J.A., (1995). Effects of temperature, light and gibberellic acid on the germination of seeds of 43 species native to Western Australia. *Journal of Vegetative Science*, 6 : 797-806.

Benamar H., Rached W., Derdour A and Marouf A., (2010). Screening of Algerian medicinal plants for acetyl cholinesterase inhibitory activity. *Journal of Biological Sciences*, 10(1): 1-9.

Benjilali B, Tantaoui-Elarki A and Ismaili-Alaoui M., (1986). Méthode d'étude des propriétés antiseptiques des huiles essentielles par contact direct en milieu gélosé. *Plant Méd Phytothér*, 20: 155-167.

Benhammou N., Atik Bekkara F. and Panovska T.K., (2008). Antioxidant and antimicrobial activities of the *Pistacia lentiscus* and *Pistacia atlantica* extracts. *African Journal of Pharmacy and Pharmacology*, 2(2): 22-28.

Benhssaini H. and Belkhodja M., (2004). Le pistachier de l'Atlas en Algérie entre la survie et disparition. *La feuille et l'aiguille*, 54 : 1-2.

Bewley J.D., (1997). Seed germination and dormancy. *The Plant Cell*, 9: 1055-1066.

Bewley J.D. and Black M., (1982). Physiology and Biochemistry of Seeds in relation to germination., Vol2. *Springer-Verlag*, New York.

Bewley J.D. and Black M., (1994). Seeds: Physiology of development and germination. *Peplum Press*, New York. 445 p.

Billerbeck V.G., Roques C., Vanière P. and Marquier P., (2002). Activité antibactérienne et antifongique de produits à base d'huiles essentielles. *Hygiène*, 3 :248-250.

Bonner F.T., Vozzo J.A., Elam W.W. and Lamnd S.B.J., (1994). Tree seed technology training course. *Forest Services*, New Orleans, Louisiana, pp: 1-81

Bouwmeester H.J. and Karssen C.M., (1992). The dual role of temperature in the regulation of the seasonal changes in dormancy and germination of seeds of *Polygonum persicaria* L. *Ecologia*, 90: 88-94

Bradford K.J., (1995). Water relations in seed germination. *In*: seed development and germination. Kigel J., Galili G., Marcel Dekker, pp : 351-396.

Bravo L., (1998). Polyphenols: chemistry, dietary sources, metabolism and nutritional significance. *Nutrition Reviews*, 56 (11): 317-333.

Bruneton J. (1999). Pharmacognosie, phytochimie, plantes médicinales, 3ème éd. Tec et Doc. Paris, 658p.

Caputo R., Mangoni L., Monaco P. and Palumbo G., (1975). Triterpenes of galls of *Pistacia terebinthus* galls produced by *Pemphigus utricularius*. *Phytochemistry*, 14: 809-811.

Caputo R., Mangoni L., Monaco P., Palumbo G., Aynehchim Y. and Bagheri M., (1978). Triterpenes from bled resin of *Pistacia vera*. *Phytochemistry*, 17: 815-817.

Chambers H.F., (1997). Methicillin resistance in staphylococci: molecular and biochemical basis and clinical implications. *Clin. Microbiol. Rev.*, 10: 781-791.

Chen C.N., Weng M.S., Wu C. and Lin J.k. (2004) .Comparison of radical scavenging activity, cytotoxic effects and apoptosis induction in human melanosoma cells. *Food Chemistry*, 1(2):175-185.

Chief R., (1982). Les plantes médicinales. Solor, pp : 2276-2277.

Chopra R.N., Nayar S.L. and Chopra I.C., (1986). Glossary of Indian medicinal plants (Including the supplement). Council of Scientific and Industrial Research, New Delhi.

Ciulei I., (1982). Methodology for analysis of vegetable drugs. *Ministry of chemical industry*, 67p.

Côme D., (1970). Les obstacles à la germination. Masson et Cie, 162 p.

Copeland L.O. and Mcdonald M.B., (1995). Seed Science and Technology, 3rd ed. Chapman & Hall, London.

Cottiglia F., Loy G.,Garan D., Floris C., Casu M., Pompei R. and Bonsignore L., (2001). Antimicribial evaluation of coumarins and flavonoids from the stems of *Daphne gnidium* L. *Phytomedecine*, 8 (4): 302-305.

Crane J.C. and Forde H.I., (1974). Improved *Pistacia* seed germination. *California Agriculture*, 28(9): 8-9.

Daneshrad A. and Aynehchi Y., (1980). Chemical studies of the oil *Pisatcia* nuts growing wild in Iran. *Oil Chem.Soc.*, 57: 248-249.

Davies P.J., (1990). Plant hormones and their role in plant growth and development. *Kluwer Academic*, London, 1-12.

Djeridane A., Yousfi M., Nadjemi B., Boutassouna D., Stocker P. and Vidal N., (2006). Antioxidant activity of some Algerian medicinal plants extracts containing phenolic compounds. *Food Chemistry*, 97(4): 654-660.

Downie B. and Bergsten U., (1991). Separating germinable and non-Germinable seeds of eastern white pine (*Pinus strobus* L.) and white spruce (*Picea glauca* (Moench) Voss) by the IDS technique, *Forest Chronicle*, 67(4): 393-396.

Downie B., Hilhorst H.W.M. and Bewley D.J. (1997). Endo-P-mannanase activity during dormancy alleviation and germination of white spruce (*Picea glauca*) seeds. *Physiologia Planatarum*, 101: 405-415.

Egwaikhide P.A., Bulus T. and Emua S. A., (2010). Antimicrobial activities and phytochemical screening of extracts of the fever tree, *eucalyptus globules. Electronic Journal of Environmental, Agricultural and Food Chemistry*, 9 (5): 940-945.

Fennane M., Ibn Tattou M., Ouyahya A. and El Oualidi J., (2007). Flore pratique du Maroc. Manuel de détermination des plantes vasculaires. 2ème éd. *Institut Scientifique*. Rabat. 636 p.

Foley M.E., (2001). Seed dormancy: an update on terminology, physiological genetics, and quantitative trait loci regulating germinability. *Weed Science*, 49: 305-317.

Foley M.E. and Fennimore S.A., (1998). Genetic basis for seed dormancy. *Seed Science Research*, 8: 173-182

Ford R.A., Hawkins D.R., Mayo B.C. and Api A.M., (2001). The *in vitro* dermal absorption and metabolism of coumarin by rats and by human volunteers under simulated conditions of use in fragrances. *Food and Chemical Toxicology*, 39: 153-162.

Gbehounou G., Pieterse A.H. and Verkleij J.A.C., (2000). Endogenously induced secondary dormancy in seeds of *Striga hermonthica. Weed Science*, 48: 561-566.

Geneve R.L., (2003). Impact of temperature on seed dormancy. *Hort Science*, 38: 336 341.

Ghestem A., Seguin E., Paris M. and Orecchioni A.M., (2001). Le préparateur en pharmacie. Dossier 2, Botanique-Pharmacognosie-Phytotherapie-homeopathie. *Tec et Doc*, 272 p.

Hale A.L., (2003). Screening potato genotypes for antioxidant activity, identification of the responsible compounds, and differentiating russet norkotah strains using Aflp and microsatellite marker analysis. *Office of Graduate Studies of Texas University. Genetics.* 260p.

Harikrishna D., Appa Rao A. V. N. and Prabhakar M. C., (2004). Pharmacological investigation of prunin-6"-O-p-coumarate: A flavonoid glycoside. *Indian J Pharmacol*, 36 (4), 244-250.

Hartmann T.H., Kester D.E., Davies F.T.Jr. and Geneve R.L., (1997). Plant Propagation: Principles and Practices, 6th ed. *Prentice-Hall Inc.*, Upper Saddle River, New Jersey,U.S.A., 770 p.

Hegarty T.W. and Ross H.A., (1980). Investigations of control mechanisms of germination under water stress. *Israel Journal of Botany*, 29: 83-92

Hennion F.O. and Walton D.W.H., (1997). Seed germination of endemic species from Kerguelen phytogeographic zone. *Polar Biology*, 17: 180-187

Hidayati S.N., Baskin J.M. and Baskin C.C., (2000). Morphophysiological dormancy in seeds of two North American and one Eurasian species of *Sambucus* (Caprifoliaceae) with underdeveloped spatulate embryos. *American Journal of Botany*, 87: 1669-1678

Hilhorst H.W.M., (1998). The regulation of secondary dormancy. The membrane hypothesis revisite. *Seed Science Research*, 8: 77-90

Hilhorst H.W.M. and Karssen C.M., (1992). Seed dormancy and germination: the role of abscisic acid and gibberellins and the importance of hormone mutants. *Plant Growth Regulation*, 11 : 225-238.

Isfendiyaroglu M. and Ozeker E., (2001). The relation between phenolic compounds and seed dormancy in *Pistacia* spp. *Cahiers Options Méditerranéennes*, 56: 227-232.

Karumi Y., Onyeyili P.A. and Ogugbuaja V.O., (2004). Identification of active principles of *Momordica balsamia* (Balsam Apple) Leaf Extract. *J. Med. Sci.*, 4 (3): 179-182.

Kaska N., Caglar S. and Kafkas S., (1996). Genetic diversity and germplasm conservation of *Pistacia* species in Turkey. *In*: Workshop "Taxonomy, distribution, conservation and uses of Pistacia genetic resources", Padulosi S., Caruso T. and Barone E., Palermo, Italy, 1995. IPGRI, Rome, Italy, pp: 46-50.

Kawashty S. A., Mosharrata S.A.M., El Gibali M. and Saleh N.A.M., (2000). The flavonoids of four *Pistacia* species in Egypt. *Biochemical Systematics and Ecology*, 28: 915-917.

Khaldi A. and Khouja M.K., (1996). Atlas pistachio (*Pistacia atlantica* Desf.). North Africa taxonomy, geographical distribution, utilisation and conservation. *In*: Workshop "Taxonomy, distribution, conservation and uses of Pistacia genetic resources", Padulosi S., Caruso T. and Barone S. Palermo, Italy, 1995. *IPGRI*, Rome, Italy, pp: 57-62.

Khan I., Kulkari M.V., Gopal M. and Shahabuddin M.S., (2005). Synthesis and biological evaluation of novel angulary fused polycyclic coumarins. *Bioorganic and Medicinal Chemistry Letters*, 15: 3584-3587.

Kodjoed-Bonneton J-F. and Sauvain M., (1989). Possibilités de valorisation économique des plantes médicinales et aromatique en Guyane. *ORSTOM*, Guyane, 164p.

Kusmenoglu S., Baser K.H.C. and Özek T., (1995). Constituents of the essential oil from the hulls of *Pistacia vera* L. *Journal of Essential Oil Research*, 7: 44-442.

Li H.B., Cheng K.W., Wong C.C., Fan K.W., Chen F. and Tian Y., (2007). Evaluation of antioxidant capacity and total phenolic content of different fraction of selected microalgae. *Food Chimestry*, 102: 771-776.

Lovato A. and Balboni N., (2002). Seed vigour in Maize *(Zea mays* L.): Two year laboratory and field test compared. *Italian Journal of Agronomy*, 1: 1-6.

Lugasi A., Hóvári J., Sági K.V. and Bíró L., (2003). The role of antioxidant phytonutrients in the prevention of diseases. *Acta Biologica Szegediensis*, 47: 119-125.

Ma Y., Feurtado A. and Kermode A.R., (2003). Effect of solid matrix priming during moist chilling on dormancy breakage and germination of seeds of four fig species. *New Forests*, 25: 49-66.

Maamri S., (2008). Etude de *Pistacia atlantica* de deux régions de sud algérien : dosage des lipides, dosage des polyphénols, essais antileishmaniens. Mémoire de magistère.Université de Boumerdes, Algérie, 109 p.

Marian N. and Fereidoon S., (2004). Extraction and analysis of phenolics in food. *Journal of Chromatography*, 1054: 95–111.

Martinez-Gomez P. and Dicenta F., (2001). Mechanisms of dormancy in seeds of peach *(Prunus persica* (L.) Batsch) cv. GF305. *Scientia Horticulturae*, 91: 51-58.

Mathe A. and Franz C., (1999). Good agricultural practice and the quality of phytomedicines. *Journal of Herbs, Spices & Medicinal Plants*, 6, 101-113.

Medić-Šarić M., Jasprica I., Smolčić-Bubalo A. and Mornar A., (2004). Optimization of chromatographic conditions in thin layer chromatography of flavonoids and phenolic acids. *Croatica Chemica Acta*, 77: 361-366.

Moles A. T. and Westoby M., (2006). Seed size and plant strategy across the whole life cycle. *Oikos*, 113: 91–105.

Monaco P., Previtera L. and Mangoni L., (1982). Terpenes in *Pistacia* plants: A possible defence role for monoterpenes against gall-forming aphids. *Phytochemistry*, 21: 2408-2410.

Monjauze A., (1980). Connaissance du bétoum *Pistacia atlantica* Desf. Biologie et forêt. Revue Forestière Française, 4 : 357-363.

Moore S., Bannister P. and Jameson P.E., (1994). The effects of low temperatures on seed germination of some New Zealand species of *Pittosporum*. *New Zealand Journal of botany*, 32: 483-485.

Moulinier C., (2003). Parasitologie et mycologie médicales. Eléments de morphologie et de biologie. *Editons Médicales internationales*, 796 p.

Nataro J. R. and Kaper J. B., (1998). Diarrheagenic *E. coli. Clini. Microbiol. Rev.*, 11 : 142-201.

Nauciel C., (2000). Bactériologie médicale. *Masson*, Paris, 276 p.

Ngameni B., Kuete V., Simo I.K., Mbaveng A.T., Awoussong P.K., Patnam R., Roy R. and Ngadjui B.T., (2009). Antibacterial and antifungal activities of the crude extract and compounds from *Dorstenia turbinata* (Moraceae). *South African J Botany*. 75 : 256-261.

Ohemeng K.A., Schwender C.F., Fu K.P. and Barrett J.F., (1993). DNA gyrase inhibitory and antibacterial activity of some flavones. *Bioorganic and Medicinal Chemistry Letters*, 3: 225-230.

Ozenda P., (1983). Flore du Sahara. 2ème éd. *Centre national de la recherche scientifique*, Paris, France.

Philippon A., (2005). Quelques bacilles à Gram négatif stricts non fermentaires et sensibilité aux antibiotiques. *Lett. Infectiol*, 10 : 619-630.

Pinfield N.J. and Gwarazimba V.E.E., (1992). Seed dormancy in Acer: The role of abscisic acid in the regulation of seed development in *Acer platanoides* L. *plant growth regulation*, 11: 293-299.

Pons T.L., (2000). Seed responses to light. In: The ecology of regeneration in plant communities, M. Fenner, 2nd ed. *CAB1 Publishing*,Wallingford, Oxon, UK, pp: 237-260.

Posmyk M.M., Corbineau F., Vine1 D., Bailly C. and Come D., (2001). Osmo conditioning reduces physiological and biochemical damage induced by chilling in soybean seeds. *Physiologia Plantarum*, 111: 473-482.

Prasad V.N., Gupta V.N.P. and Bajracharya D., (1983). Alleviation of gibberellic acid and kinetin of the inhibition of seed sermination in maize (*Zea mays* L.) under submerged conditions. *Annals of Botany*, 52: 649-652.

Psotová J., Lasovskỳ J. and Vičar J., (2003). Metal-chelating properties, electrochemical behavior, scavenging and cytoprotective activities of six natural phenolics. *Biomed. Papers*, 147(2): 147–153.

Quézel P. and Médail F., (2003). Ecologie et biogéographie des forets du bassin méditerranéen. *Collection Environnement*. Elsevier, Paris, France.

Quézel P. and Santa S., (1963). Nouvelle flore de l'Algérie et des régions désertiques méridionales. Tome 2. *Centre national de la recherche scientifique*, Paris, France.

Rabe T. and Van Staden J., (1997). Antibacterial activity of South African plants used for medicinal purposes. *Journal of Ethnopharmacology*, 56: 81–87.

Redoyal L.M., Beltram M., Saucho R. and Olmedo D.A., (2005). Bioorganic and medicinal chemistry letters. *Fitoterapa*, 15: 4447-4450.

Ren C. and Kermode A.R., (1999). Analyses to determine the role of megagametophyte and other tissues in dormancy maintenance of yellow cedar (*Chamaecyparis nootkatensis*) seeds: morphological, cellular and physiological changes following moist chilling and during germination. *Journal of Experimental Botany*, 50: 1403-1419.

Reynaud J. and Lussignol M., (2005). The flavonoids of *Lotus Corniculatus*. *Lotus Newsletter*, 35:75-82.

Rouskas D., (1996). Conservation strategies of *Pistacia* genetic resources in Greece. *In*: Workshop "Taxonomy, distribution, conservation and uses of *Pistacia* genetic resources", Padulosi S., Caruso T. and Barone, E., Palermo, Italy, 1995. *IPGRI*, Rome (Italy), pp: 37-41.

Sakagami H., Hashimoto K., Suzuki F., Ogiwara T., Satoh K., Ito H., Hatano T., Takashi Y. and Fujisawa S., (2005). Molecular requirements of lignin-carbohydrate complexes for expression of unique biological activities. *Phytochemistry*, 66 (17): 2108-2120.

Schatral A., (1996). Dormancy in seeds of *Hibbertia hypericoides* (Dilleniaceae). *Australian Journal of Botany*, 44: 213-222

Schilcher H., (1989). Quality requirements and quality standards for medicinal, aromatic and spice plants. *Acta Horticulturae*, 249: 33-44.

Schmidt L., (2000). Dormancy and pretreatment. *In*: Guide to handling of tropical and subtropical forest seed'. *Danida Forest Seed Centre*.

Shan B., Cai Y.Z., Brooks G.D. and Cokk H., (2007). The in vitro antibacterial activity of dietary spiece and medicinal herb extracts. *International Journal of Food Chemistry*, 117:112-119.

Sheibani A., (1996). Distribution, use and conservation of pistachio in Iran. *In*: Workshop "Taxonomy, distribution, conservation and uses of *Pistacia* genetic resources", Padulosi S., Caruso T. and Barone E., Palermo, Italy, 1995. *IPGRI*, Rome, Italy, pp: 51- 56.

Shi Q. and Zuo C., (1992). Chemical components of the leaves of *Pistacia chinensis* Bge. *Zhongguo Zhongyao Zazhi*, 17: 422-446.

Sikkema J., De Bonte J.A.M. and Poolman B., (1995). Mechanisms of membrane toxicity of hydrocarbons. *Microbiol Rev Oxford*, 59: 201-222.

Skordilis A. and Thanos C.A., (1995). Seed stratification and germination strategy in the Mediterranean pines *Pinus brutia* and *P. halepensis*. *Seed Science Research*, 5: 151-160.

Srivastava L.M., (2002). Plant growth and development. hormones and environment. *Academic Press*, San Diego. 772 p.

Stalikas C.D., (2007). Extraction, separation and detection methods of phenolic acids and flavonoids. *Journal of Separation Science*, 30: 3268-3295.

Stefanova T., Nikolova N., Michailova A., Mitov I., Lancov I., Zlabinger G.I. and Neychev H., (2007). Enhanced resistance to *Salmonella enteric* serovar *typhimurium* infection in mice after coumarin treatment. *Microbes infect.*, 9(1): 7-14.

Thanos C.A., Georghiou K. and Skarou F., (1989). *Glaucium flavum* seed germination- an ecophysiological approach. *Annals of Botany*, 63(1): 121-131.

Tieu A., Kingsley D.A., Sivasithamparam K., Plummer J.A. and Sieler I.M., (1999). Germination of four species of native western Australian plants using plant-derived smoke. *Australian Journal of Botany*, 47: 207-219.

Turnbull J. and Doran J., (1987). Seed development and germination in the *Myrtaceae*. *In*: Germination of Australian native plant seed. Langkamp P.,1987. *Inkata Press*, Membourne, pp: 46-57.

Turner S.R., Merritt D.J., Baskin C.C., Dixon K.W. and Baskin J.M., (2005). Physical dormancy in seeds of six genera of Australian Rharnnaceae. *Seed Science Research*, 15: 51-58.

Tutin T.G., Heywood V.H. and Burgess N.A., (1968). Flora Europaea. *Cambridge University Press*, Cambridge, UK, vol 2, p. 237.

Veselova T.V., Veselovskii V.A., Usmanov P.D., Usmanova O.V. and Kozar' V.I., (2003). Hypoxia and imbition injuries to aging seeds. *Russian Journal of Plant Physiology*, 50: 835-842.

Vincent E.M. and Roberts E.H., (1977). The interaction of light, nitrate and alternating temperature in promoting the germination of dormant seeds of common weed species. *Seed Science & Technology*, 5: 659-670.

Wang B.S.P., (1987). The beneficial effects of stratification on germination of tree seeds. *In*: Proceedings, nurserymen's meeting. *Ministry of Natural Resources*, Toronto, pp: 56-75.

White C.N. and Rivin C.J., (2000). Gibberellins and seed development in Maize. Gibberellin synthesis inhibition enhances abscisic acid signaling in cultured embryos. *Plant Physiology*, 122: 1089-1097.

Yaaqobi A., El Hafid L. and Haloui B., (2009). Etude biologique de *Pistacia atlantica* Desf. de la région orientale du Maroc, *Biomatec Echo*, 3 : 39-49.

Yoshioka T., Ota H., Segawa K., Takeda Y. and Esashi Y., (1995). Contrasted effects of CO_2 on the regulation of dormancy and germination in *Xanthium pennsylvanicum* and *Setaria faberi* seeds. *Annals of Botany*, 76: 625-630.

Yousfi M., Nedjemi B., Belal R. and Benbertal D., (2005). Étude des acides gras d'huile de fruit de pistachier de l'Atlas algérien. *Electronic Journal of Oncology*, 10: 425-427.

Yousfi M., Djeridane A., Bombarda I., Hamia C., Duhem B. and Gaydou E. M., (2009). Isolation and characterization of a new hispolone derivative from antioxidant Extracts of *Pistacia atlantica. Phytother. Res.,* 23: 1237–1242

Zeng X.Y., Chen R.Z., Fu J.R. and Zhang X.W., (1998). The effects of water content during storage on physiological activity of cucumber seeds. *Seed Science Research*, 8: 1-7.

Zhang H., Kong B., Xiong Y .L. and Sun X., (2009). Antimicrobial activities of spice extracts against pathogenic and spoilage bacteria in modified atmosphere packaged fresh pork and vacuum packaged ham slices stored at 4 °C. *Meat Science.* 81: 686-692.

Zhao X., Sun H., Hou A., Zhao Q., Wei T. and Xin W., (2005). Antioxidant properties of two gallotannins isolated from the leaves of Pistacia. *Biochimica Biophysica Acta*, 17(25): 103-110.

Zohary M., (1952). A monographical study of the genus *Pistacia*. J. series. Vol.5. *Palestine Journ Bot*, 4 : 187–228.

Zohary M., (1987). Flora Palaestina. Platanaceae to Umbelliferae. Second printing. *Israel Academy of Sciences and Humanities*, 2: 296–30.

Annexes

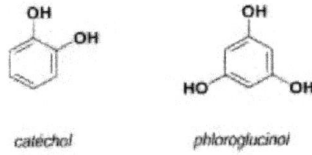

catéchol   phloroglucinol

Figure 1: Structure chimique de deux phénols simples **(Bruneton, 1999)**

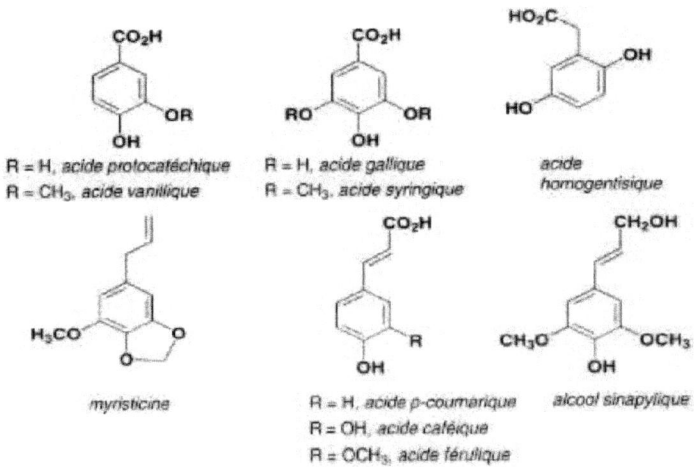

R = H, acide protocatéchique
R = CH₃, acide vanillique

R = H, acide gallique
R = CH₃, acide syringique

acide homogentisique

myristicine

R = H, acide p-coumarique
R = OH, acide caféique
R = OCH₃, acide férulique

alcool sinapylique

Figure 2: Structure chimique des acides phénoliques **(Bruneton, 1999)**

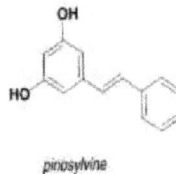

pinosylvine

Figure 3: Structure chimique d'un stilbène **(Bruneton, 1999)**

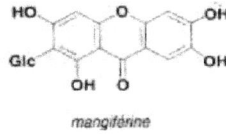

mangiférine

Figure 4: Structure chimique d'un xanthone **(Bruneton, 1999)**

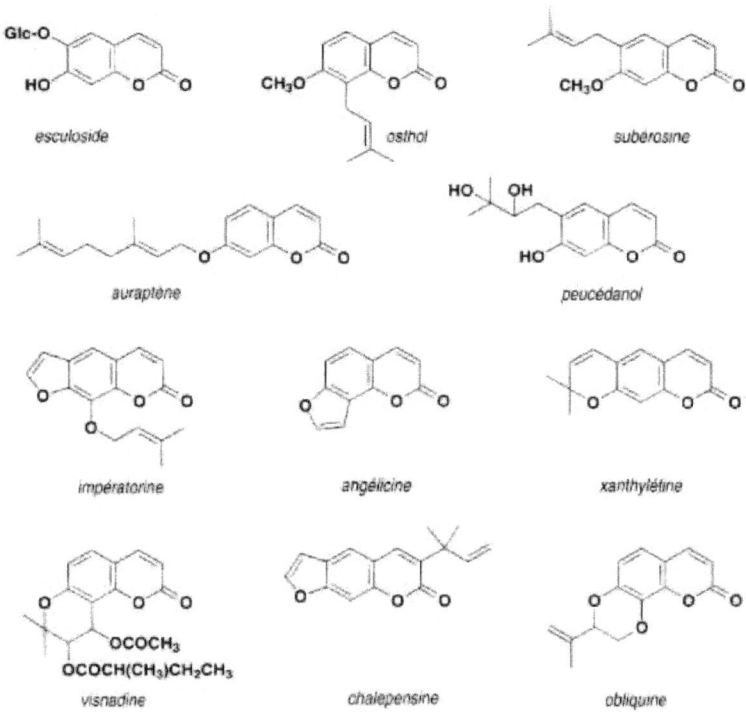

esculoside

osthol

subérosine

auraptène

peucédanol

impératorine

angélicine

xanthylétine

visnadine

chalepensine

obliquine

Figure 5: Structure chimique des coumarines **(Bruneton, 1999)**

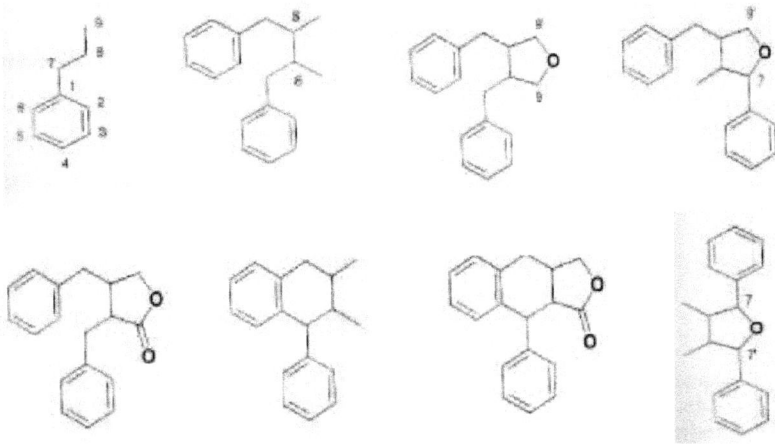

Figure 6: Exemples de structures de lignanes **(Bruneton, 1999)**

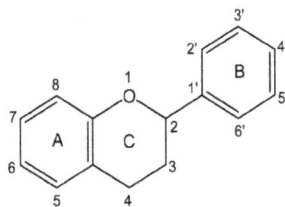

Figure 7: Squelette de base des flavonoïdes **(Stalikas, 2007)**

flavanone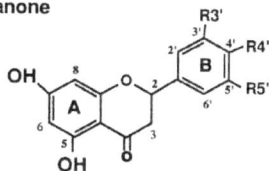

flavone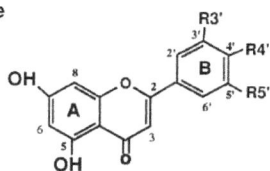

flavanonol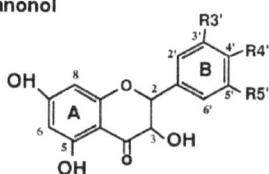

flavonol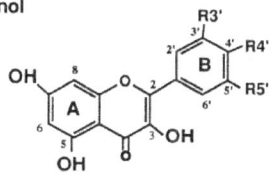

flavan 3-ol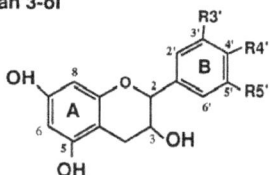

isoflavone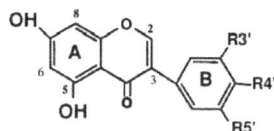

Figure 8: Les différentes classes des flavonoïdes **(Bruneton, 1999)**

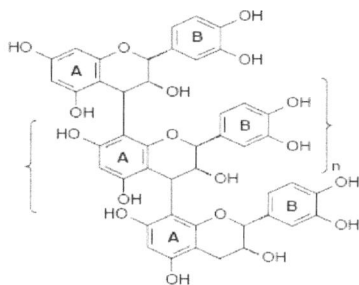

Figure 9: Structure de base des tanins condensés **(Li, 2004).**

71

Tableau 1: l'influence de différents traitements sur la germination des graines de *Pistacia atlantica* Desf.

jours	Témoin			Scari			GA3			Strati		
	Rép1	Rép2	Rép3	Rép1	Rép2	Rép3	Rép1	Rép2	Rép3	Rép1	Rép2	Rép3
1	0	0	0	0	0	0	0	0	0	9	10	12
2	0	0	0	31	25	33	0	0	0	9	9	10
3	0	0	0	10	10	8	0	0	0	8	9	7
4	0	0	0	8	13	11	0	0	0	3	6	4
5	9	10	22	11	6	10	23	22	14	4	3	4
6	9	18	10	2	1	7	21	10	15	6	1	3
7	8	10	10	7	2	4	13	15	21	6	2	6
8	3	10	7	3	3	5	10	12	13	4	0	1
9	4	4	7	6	6	1	5	9	10	5	2	1
10	6	3	3	0	0	0	4	3	6	5	2	3
11	6	2	6	0	0	0	4	3	3	6	1	1
12	4	1	2	0	0	0	3	2	4	8	0	0
13	5	3	1	0	0	0	0	0	0	0	0	0
14	5	3	3	0	0	0	0	0	0	0	0	0
15	6	1	1	0	0	0	0	0	0	0	0	0
16	8	2	1	0	0	0	0	0	0	0	0	0
N[bre] des graines germées	73	67	73	79	66	79	83	76	86	73	45	52
Moy	71			74.66			79.33			56.66		
TMG	10.16	7.16	7.33	3.58	3.93	3.83	6.95	7.09	7.46	5.83	3.62	3.96
Moy	8.21			3.78			7.16			4.47		

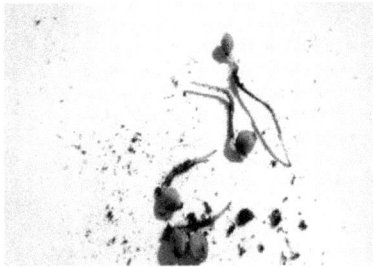

Figure 10: graines germées de *Pistacia atlantica* Desf.   **Figure 11:** *Pistacia atlantica* Desf. au stade jeune

Milieux de culture :

Bouillon Nutritif (BN)

Extrait de viande 5g

Peptone pancréatique 10g

Chlorure de sodium 5g

Eau distillée 1000 ml

pH= 7.4

Gélose nutritive (GN)

Extrait de viande de bœuf 1g

Extrait de levure 2g

Peptone 5g

Chlorure de sodium 5g

Agar 15g.

Eau distillée 1000 ml

pH= 7.2.

Mueller Hinton (Gélose)

Infusion de viande de bœuf 300 ml

Hydrolysat de Caséine 17.5g

Amidon 1,5g

Agar 10g

Eau distillée 1000 ml

pH= 7.4

Milieu Sabouraud (Gélose)

Peptone pepsique de viande 10g

Glucose 35g

Agar 10g

Eau distillée 1000 ml

pH= 5.7

Résumé :

Ce travail avait pour but l'étude d'une plante relique en voie de disparition; le pistachier de l'Atlas (*Pistacia atlantica* Desf.) d'une région de sud Algérien (Biskra), par la réalisation des essais de germination de graines et l'extraction et le dosage des polyphénols et flavonoïdes existants dans les feuilles; puis l'évaluation de leur activité antimicrobienne.

Des essais de germination des graines ont été réalisés en appliquant différentes traitements ; scarification par l'acide sulfurique, stratification à 4°C et trempage dans l'acide gibbérellique GA₃. Les résultats obtenus des essais de germination reflètent que les traitements appliqués ont augmenté le pouvoir germinatif des graines.

L'extraction des polyphénols et le dosage a mis en évidence une richesse de *Pistacia atlantica* Desf. en ces composés.

L'effet antimicrobien testé in vitro a montré une forte activité antimicrobienne vis-à-vis des souches fongiques et bactériennes testées.

Mots clés: *Pistacia atlantica* Desf., germination, polyphénols, activité antimicrobienne.